IT Text　情報処理学会 編集

ソフトウェア工学

平山雅之
鵜林尚靖　共著

はしがき

計算機とその上で動作するソフトウェアが生まれて60年以上になる．またソフトウェアを開発するための技術としてソフトウェア工学が誕生してからでも半世紀が過ぎようとしている．この間，多くの研究者や技術者たちが様々な方法や考え方，ツールを提案してきた．その中にはいまだにソフトウェア開発の本質を支える技術として利用されているものもあれば，泡沫（うたかた）のように消え去ったものもある．本書の執筆にあたり，筆者らの脳裏には常に，「ソフトウェアを開発するための実用的な技術」への想いがよぎっていた．この点から，本書では実際のソフトウェアシステム開発からは距離のある理想的な環境条件を前提として提案された技術は傍らに置き，むしろ実際のソフトウェア開発現場で開発者たちが積み重ねてきた経験や知見を整理し，次の世代を担う技術者の方々に伝えていくことを優先させることとした．

そもそも本書で扱う「ソフトウェア工学」とは「ソフトウェア」と「工学」が融合したものである．「工学」とはものづくりに関する経験や知見を体系化して整理したものであり，実フィールドで利用可能な技術を追求する実学である．また「ソフトウェア」とは単にプログラムコードだけではなく，ハードウェアによって組み上げられた計算機の能力を最大限に生かして，システムを実現するためのものである．この点をふまえて，本書では，実学としての「工学」を縦糸に，「工学」の対象である計算機を考慮したうえでの「ソフトウェア」を横糸として，ソフトウェア工学を見つめなおすことを編集にあたっての基本ポリシーとした．

本書はこれから情報システムなどに搭載されるソフトウェアの開発に携わろうとする皆さんを対象としたソフトウェア工学の教科書として編集した．このため本書では，上記の編集ポリシーに基づき，これらの皆さんに初級技術者として，ソフトウェア開発の基本動作として知っておいてほしいものを選択的に載せるようにしている．ぜひ，本書を参考にソフトウェアシステムの開発の方法やそのための工夫を習得していただければと考えている．なお，本書では上記のような編集方針を採用したため，ソフトウェア工学がカバーする全ての領域・技術は網羅していない．具体的には，ソフトウェアシステムの開発・設計を中心とし，開発管理に関する技術は，初学者が知っておくべき最低限のものに限定している．

本書の執筆を情報処理学会より依頼されてからすでに3回目の春をむかえようとしている．これは上述したようにソフトウェア工学を実学の観点から整理する作業に，思いのほか時間を要した結果である．この間，辛抱強く筆者らを支援していただいたオーム社の編集担当の方々に御礼を申し上げる．また，本書では読者の皆さんの理解度を上げるために，いくつかの実例を掲載している．とりわけ，第1章に掲載した歯科医院向け診療支援システムについては，(株)オプテック様から多くの参考資料を提供していただいことを付記し，改めて感謝を申し添えたい．

2017年2月

平山　雅之
鵜林　尚靖

目　次

第3章　ソフトウェアシステムの構成

第4章　要求の獲得・分析と要件定義

第5章　システム設計

第6章　ソフトウェア設計―設計の概念

第7章　ソフトウェア設計―全体構造の設計

第8章　ソフトウェア設計―構成要素の設計

第9章　プログラムの設計と実装

第10章　ソフトウェアシステムの検証と動作確認

第11章　開発管理と開発環境

第1章 ソフトウェアシステム

ソフトウェア工学とはソフトウェアシステムを開発するための技術である．ソフトウェア工学を正しく理解し，使いこなすためには，ソフトウェア工学が対象とするソフトウェアシステムとはどのようなものかを理解しておく必要がある．第1章ではソフトウェアシステムの目的や社会的な役割の紹介や，その開発にはどのような人達が参加するかの説明を通して，ソフトウェア工学が対象とするソフトウェアシステムへの理解を深めてほしい．

1.1 ソフトウェアシステムの目的と役割

ソフトウェアシステムとは計算機を中心にソフトウェアによって様々な機能・サービスを実現するシステムである．ソフトウェアシステムの最小単位の実現系は機能実現を担うソフトウェアとそのソフトウェアを動作させるハードウェア（計算機）から構成される．通常はこの最小単位の実現系にさらにデータを保持するデータストレージや外部システムとの連携を実現するネットワーク要素が付加され多様な機能を実現するシステムとして構築され利用される（図1.1）．

このような計算機を用いたシステムは20世紀半ばをその起源と

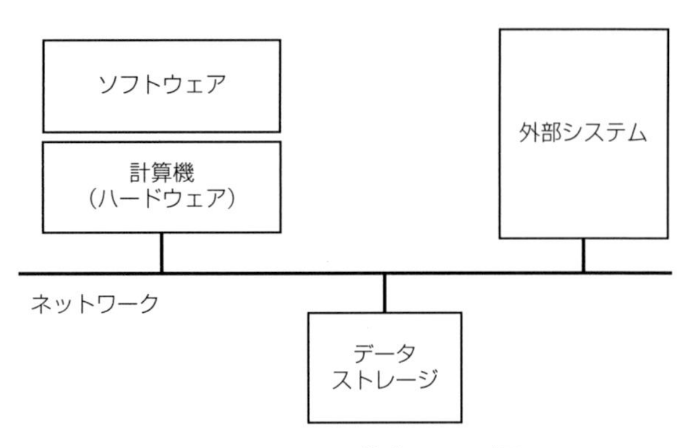

図 1.1　システム構成イメージ図

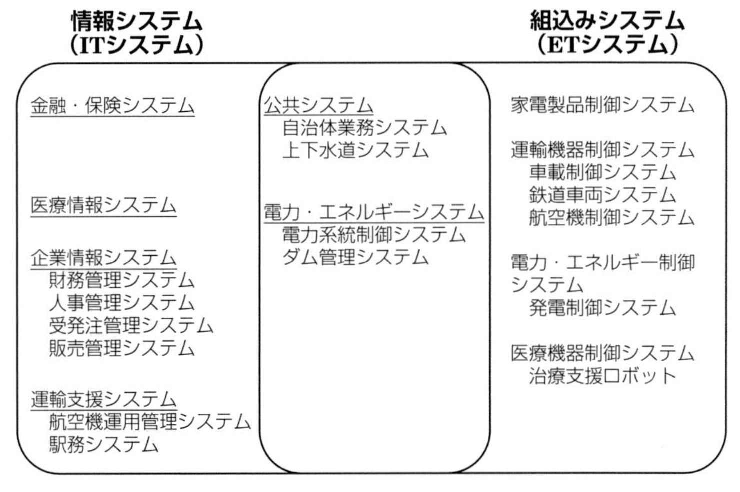

図 1.2　IT/ET システムの種類と広がり

するが，その後の半世紀をかけて「情報（データ）の加工」と「動作の制御」という大きな2つの役割を中心に技術革新が進んできた．現代ではこの2つの役割がそれぞれ，情報システムと組込みシステムという2つのシステム形態に分化している（図 1.2）．

情報システム：Information Technology System

組込みシステム：Embedded Technology System

さらに近年は情報システム，組込みシステムを融合することで，より高い付加価値を創造するシステムも開発されるようになってきている（図 1.3）．

情報システムとは種々の情報やデータを分析・加工するなどして

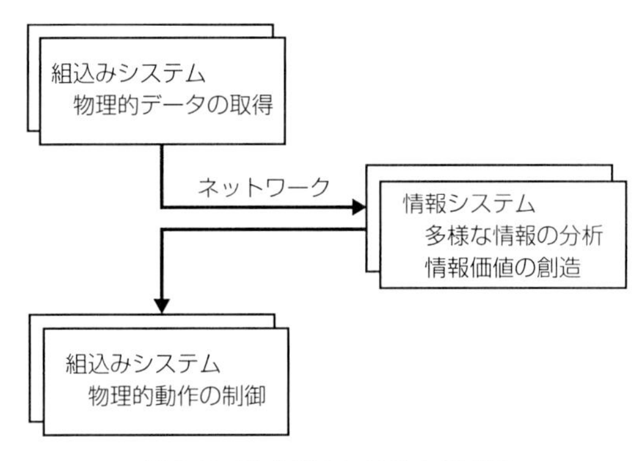

図 1.3 融合型のシステム構成図

ビジネスや個々人の生活など，様々な局面での意思決定や作業の効率化を支援するシステムである．この中でも特に，企業活動で扱われる受発注の情報，人事情報，会計情報など様々なビジネス情報を計算機上のソフトウェアで有効に管理活用するシステムは**エンタープライズシステム**と呼ばれる．エンタープライズシステムは主として，導入した企業内のビジネスを円滑に進めることを目的とする．また，昨今は電子商取引分野なども含めた企業活動にとどまらず，教育や医療など我々の身の回りの様々な情報をハンドリングし生活を安全安心で豊かなものとしていく役割を担うシステムも多い．

一方，**組込みシステム**とは，自動車や家電製品などの様々な製品・機器の機能実現を図るために，これらの製品の中に組み込まれ，動作するシステムである．この点において組込みシステムは製品を構成する部品の1つと考えることもできる．一方で多くの電子機器では，組込みシステムにより実現されるきめ細やかな制御や情報分析によって，製品機能の差別化を図る場合が多い．こうした組込みシステムは製品の基幹部品となっている．

情報システム，組込みシステムとも，構造的には計算機を中心にその上で動作するソフトウェアが極めて重要である点は同じである．そして，どちらも我々の社会生活を支える重要な役割を担っている．一方で，情報システム，組込みシステムでは動作するソフトウェアは「情報（データ）処理」と「制御動作」の占める割合が異なり，同じソフトウェアシステムであっても，その性質は異なってくる．このためシステムの開発の進め方なども若干異なる場合がある．本書では主に「情報（データ）処理」を中心とする情報システムの開発を念頭に，それらのシステムを開発するための技術としてのソフトウェア工学について紹介していく．

1.2　ソフトウェアシステムの作られ方

1．システムのステークホルダ

ソフトウェアシステムの開発・運用には，様々な利害関係者が存在する．これらの利害関係者は**ステークホルダ**と呼ばれる．ソフトウェアシステムの開発は，これらのステークホルダが様々な形で関与しながら進められる．

ソフトウェアシステムのステークホルダとしては，

- システムを開発提供する**システムベンダ**
- 提供されたシステムを利用してビジネスを行う**ユーザ**
- 最終的にシステムから提供されるサービスの恩恵を享受する**エンドユーザ**

という3つの立場にある人々を考えることができる．さらにこれらの3つの立場の中にあっても，様々な役割をもつ人々がシステムの開発運用に関係する（図1.4）．

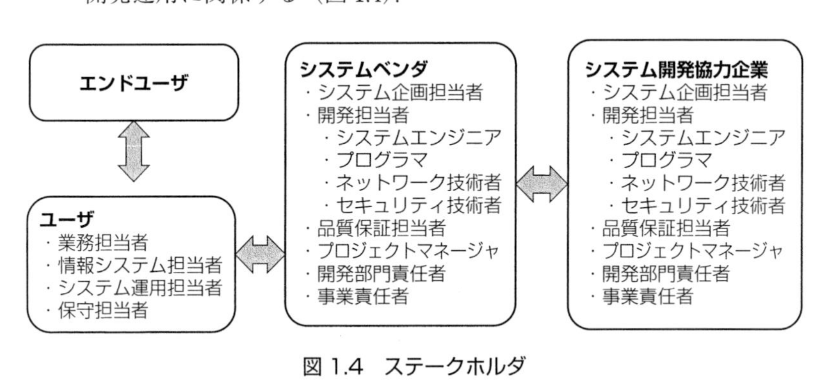

図1.4　ステークホルダ

①　システムベンダ

システムベンダにあって，システムの利用者であるユーザの意見をくみ取り，どのようなシステムにするかを検討提案する役割はシステムエンジニアと呼ばれる技術者が担当する．また，**ソフトウェアエンジニア**は**システムエンジニア**が取りまとめたシステム企画を実際のシステムとして実現するソフトウェアを取りまとめる役割を担っている．実際にシステムを実現するソフトウェアは**プログラマ**と呼ばれるプログラム実装スキルをもつ人々によって開発される．また，ネットワークなどを介して計算機ノードが連携するシステムでは，システムのネットワーク構成を担当するネットワーク技術者が必要となり，同時にシステムセキュリティなどの実現を担うセキュリティ技術者もシステム開発に参加する場合がある．

また，近年のソフトウェアシステムは様々な機能実現を図るために大規模化が進んでいる．これらの大規模なソフトウェアシステムは通常，システムベンダ内で開発を担うプロジェクトを組織して開発を進める場合がほとんどである．その場合，**プロジェクト**の全体運営を担当する**プロジェクトマネージャ**が重要な役割を担う．さらに，これらのソフトウェアシステムはシステムベンダ内でビジネスとして開発される製品という側面ももつ．この場合，製品であるソフトウェアシステムそのものの品質を保証するために**品質保証担当者・部門**や，プロジェクト全体の開発予算などを預かる管理部門などもステークホルダに含まれる．もちろん，企業としてのシステムベンダ内では開発部門の責任者や企業の事業責任者などもステークホルダの一員である．

規模の大きなソフトウェアシステムの開発では，システムをいくつかの部分（サブシステム）に分割して開発し，最終的にそれらの部分を統合（インテグレーション）してユーザに提供する開発形態をとる場合も多い．このような開発形態の場合，システム全体を統合して取りまとめる役割は，システムインテグレータと呼ばれる企業や組織が担当する．一方で，システムを構成する部分の開発は，システム開発や実装を専門とする外部のシステム開発協力企業が担当する場合も少なくない．

② ユーザ

ユーザとはシステムの利用者である．例えば，大学の学生情報管理システムの場合，そのシステムを仕事の中で直接的に利用する大学の学生課などの組織や人を指す．通常，こうした組織は，それぞれの業務があり，その業務の円滑な運営や実施を行うために情報システムを導入する．ソフトウェアシステム開発においてユーザは，情報システムの導入対象業務を熟知している場合が多い．このためユーザはシステム開発においても，システムベンダとの密な連携によって，開発が円滑に進むように協力しなければならない．

システムのステークホルダとしてのユーザは，

・実現するシステムの仕様の検討に参加するユーザ側の情報システム推進担当者や部門
・実際に開発されたシステムを利用して業務を行うシステム利用者
・ユーザ側にあってシステムの運用や保守などを担う技術者

などに分類できる．

③　エンドユーザ

エンドユーザとはシステムを最終的に利用し，その機能による恩恵を受ける人達（一般利用者）である．例えば，駅の自動券売機などを考えると，鉄道会社の社員は乗車券を販売するというビジネスの一環としてシステムと接するユーザであり，券売機を利用して乗車券を購入する人はそのシステムのエンドユーザである．システムの利用形態によってはユーザとエンドユーザが同一である場合もあるが，駅の券売機などのようにユーザとエンドユーザが異なるシステムも存在する．多くの場合，エンドユーザはシステムに関して不慣れな場合が多く，彼らの関心の中心はシステムによって自分たちに，どのような恩恵（アウトカム）がもたらされるかという一点にある．このため，システムの開発では，このようなエンドユーザを意識し，システムの使い勝手なども含めて検討していくことが極めて重要である．

2．ステークホルダとシステムの形態

システムの開発では前述のように様々なステークホルダが関係する．一方で，システムによっては図 1.5 に示すように，開発において，これらのステークホルダの関わり方や位置づけが微妙に異なる場合もある．

① **自給自足型のシステム**

自給自足型システムとは，システムを利用するユーザとそれを開発するベンダが同一のシステムである．企業内の業務担当者などが自身の業務を効率化するために，簡単なシステムを自身で作る場合などが相当する．この場合には，上記で述べたような，ユーザ，ベンダという明確なステークホルダの区分は存在しない．

② **自社内開発システム**

社内の業務効率化を目的として自社内でシステム構築を行う場合もある．このような場合には，図1.5の（a）に示すように，社内のシステム担当部門と実際の業務担当者が分かれている場合などが多く，システム担当者はベンダ的な立ち位置，業務担当者がユーザ（エンドユーザ）的な立ち位置となる．

③ **企業内業務システム**

企業内の人事や受発注などの業務を支援する規模の大きなシステムを開発する場合には，システム開発を専門とするベンダ企業に開発を委託する場合が多い．この場合，システムを運用する企業側がユーザとなる（図1.5（b））．ユーザ企業内では，通常，システム運用を担当する情報システム担当者や開発したシステムを利用する業

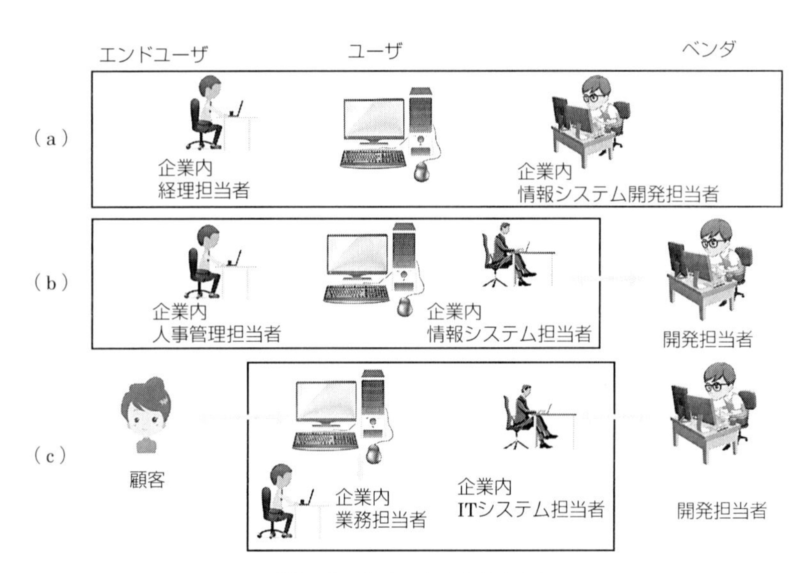

図1.5 ステークホルダの例

務担当者などがいるが，この場合，業務担当者はエンドユーザ的な立ち位置となる．

④　**企業が運用するシステムを一般者が利用する場合**

例えば病院の医療費支払い処理システムでは，病院が用意したシステムを一般の患者が利用してセルフ形式で支払いを行う場合がある．このようなシステムは図 1.5（c）のようにユーザとエンドユーザが明確に分かれている．医療費支払い処理システムの場合，患者はエンドユーザ，病院がユーザとなる．

1.3　典型的な情報システム

ここでは我々の身の回りで利用されている典型的な情報システムの 1 つである医療関連業務を支援するシステムを例に，その社会的な位置づけやシステムの特徴，構成などを紹介する．

1．システムの概要

医療分野では医院や病院などで行われる様々な診療に関する情報，個々の患者に関する情報や医療費に関する情報など様々な情報の処理を的確に行わなければならない．例えば，診療に関するカルテなどの情報は診療情報管理システム，レントゲン撮影や様々な検査などは部門システム，患者の受付や医療会計にかかわるレセプト情報などは医事会計システムといった形で病院内に配置され，部署ごとにそれぞれの業務範囲内をカバーする大規模なシステムが利用されている．しかし私たちにも身近な歯科医院は小規模であり，こうした大規模なシステムは導入できない．それでも患者サービスの観点から，来院受付から診療そして会計に至るまで患者の待ち時間を少なくするように効率化し，しかも診療の質を高めることが求められている．そのため，こうした一連の流れをサポートする情報システムが利用されるようになってきている．ここでは理解しやすい事例として，歯科医院内で利用される情報処理システムについて紹介する．

2. システムの利用者と主な機能

歯科医院では，中心となる歯科医師のほかに，歯科衛生士，歯科助手，受付といった人たちが連携して歯科医院の業務が進められている．歯科医師は診療業務や歯科衛生士への指示のほかに，歯科医院全体の会計・保険収支管理業務なども担当している．歯科衛生士は歯科医師の指示のもとに，患者への歯科予防処置，歯科診療の補助，歯科保健指導を行う．歯科助手は，歯科診療の準備や後片付けなどを行う．受付は，患者の来院受付，診察の予約，会計処理などを行う．このように，歯科医院内では，歯科医師，歯科衛生士，歯科助手，受付の4者がそれぞれ異なる役割をもち，かつ，そうした人々が連携することで一人の患者への医療サービスが進められていく．

歯科診療支援システムはこのような歯科医院内で実施される様々な業務のうち，歯科医師，歯科衛生士，受付の業務の円滑化を目的に，開発され，利用されている．

3. システム構成

歯科医院は歯科医師，歯科衛生士と受付で3名程度の小規模な歯科医院からスタッフが多数在籍する大規模な歯科医院まで多様な形態が存在する．そうした中，システムとしては，図1.6に示すシス

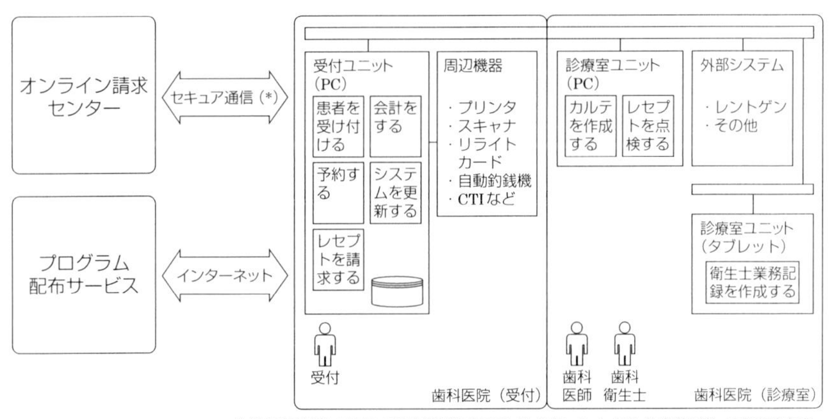

(*)「医療情報システムの安全管理に関するガイドライン」厚生労働省に従って通信を行う．

図1.6　Opt.one システム構成図

テム構成図のように受付内に設置される受付向け計算機（サーバ）と診療室内に設置される診療室向け計算機（クライアント）という2つの計算機をネットワーク接続する形態が最小の実現形態となる．それぞれの計算機はパーソナルコンピュータ（PC）を利用して実現されるが，歯科医院業務に関する様々なデータはサーバのデータベースに格納される．クライアントは，さらに歯科用レントゲン装置に接続され撮影画像などが取り込めるようになっている．一方，サーバではオプションにより保険証読取り装置や釣銭機などの外部機器との接続もできるようになっている．さらに複数の診療科をもつ病院内の歯科などでは，医科と歯科の連携が必要となるため，医科側の各種システムとの接続などもできるように設計されている．

4. システムの動作

システムの動作は，患者への診療を支援する歯科医院のフロントエンド業務と，歯科医院内の医療事務処理などのバックエンド業務に分けて考えることができる．以下では，フロントエンド業務を中心にシステムの動作と各計算機の連携を紹介する．

歯科のフロントエンド業務は，患者が来院するところからスタートする．初めて来院した患者の場合，受付は患者から提示された保険証を読み取り装置で読み取り患者登録画面で確認してサーバへ登録する．再来院の患者の場合，受付は登録済みの患者の画面で保険証の情報を確認する．また，新規に登録された患者は自分の症状やアレルギー症状などの情報を患者自らがタブレットで入力する．こうして受付が終わった患者は受付済みの患者の待ち行列に加えられる．受付側では図1.7に示す画面のように待合室で待っている患者の一覧情報や，その日に来院が予定されている患者の予約時間一覧，その時点での個々の患者の待ち時間などがわかるようになっている．

一方，このような患者の来院情報はクライアントでも確認できるようになっており，予約した人が来れなくなった場合などに歯科医師は診療の順番を調整できる．患者が診療室で診療を受ける際には，歯科医師はクライアントで患者毎の電子カルテを確認したり記

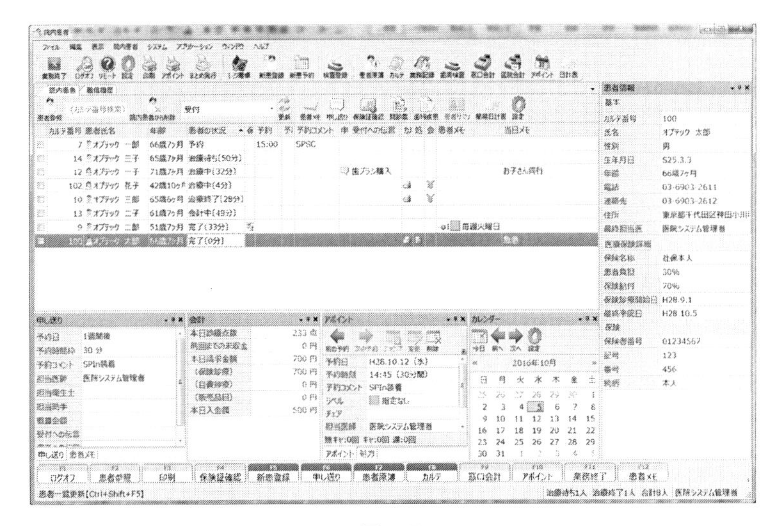

図 1.7

入したりできる．カルテを作成するために，図 1.8 のようにデンタルチャートを表示し，どの歯に問題があり，どこをどう治療したかなどを記録する．治療にあたっては，う蝕（虫歯）の度合いや抜歯など，その症状に応じた治療内容が厚生労働省によって定められている．歯科診療システムでは，これらの対応関係をサーバ内の診療

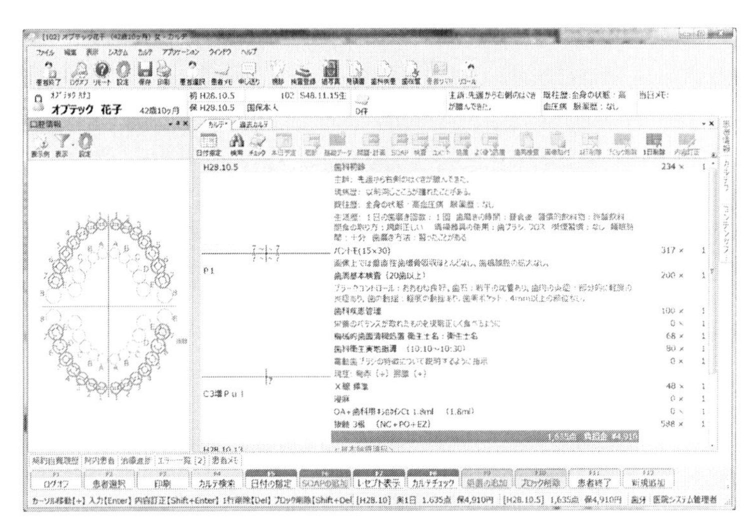

図 1.8

データベースに用意している．このデータベースでは個々の診療ごとに保険点数などの情報を紐づけており，会計処理に反映できるようになっている．また，電子カルテ上には次回来院時の治療予定などを入れることで，サーバで患者が来院予約をする際に，おおよその診察金額を提示するようになっている．

一方で歯科医師の指示に基づいて患者に対し，歯科衛生士が口腔衛生指導を行う場合，歯科衛生士がもつタブレットに歯科医師の指示が送られ，その内容に沿って歯科衛生士が患者に指導などを行い，その内容をタブレット上から記入できるようになっている．

診療が終了すると，患者は待合室で次回来院予約と会計を行う．この際，受付はサーバを利用して，診療時間帯を確認して予約を確定させたり，電子カルテの情報から，図1.9に示すように診察内容やそれを基にした保険点数などをもとに会計処理を行う．この際には，診療明細書や領収書などを発行し，サーバに接続されたプリンタから出力し患者に手渡される．

5. システムに求められる性能

通常，1つの歯科医院の患者数は3000名程度が目安となりシステム内のデータサイズは電子カルテなどを含めて2GB程度が必要となる．また，システムの処理速度は医師が診療や治療の途中でカルテ情報を参照したり記入するために，数ミリ秒程度の比較的速い応答時間が必須となる．さらに，システムで扱う患者情報や診療情報などは誤りが許されず，また，個人情報面から，システムのセキュリティも重視されている．システムは歯科医師や歯科衛生士，受付など計算機システムには不慣れな利用者が利用する場合もあるため，ユーザインタフェースについても使いやすさや誤操作防止など様々な工夫が求められる．

6. システムの運用と保守

多くの情報システムではシステムの導入が終わった段階で，実稼働までの道のりのやっと半分といわれており，導入後の運用や保守が重視される．歯科医院向けのシステムの場合にも，会計処理のもととなる保険点数などは更新される．従来のシステムでは，更新さ

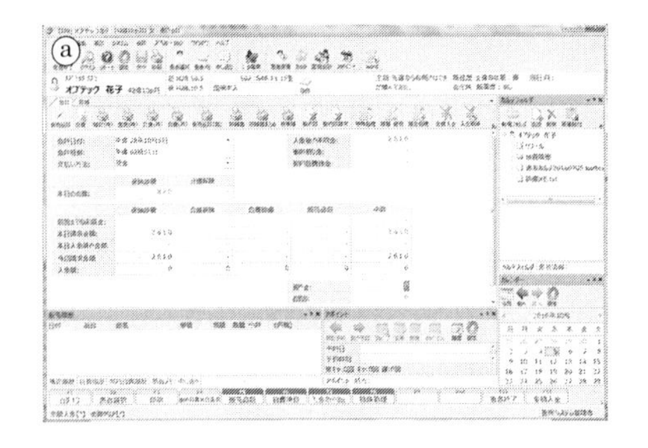

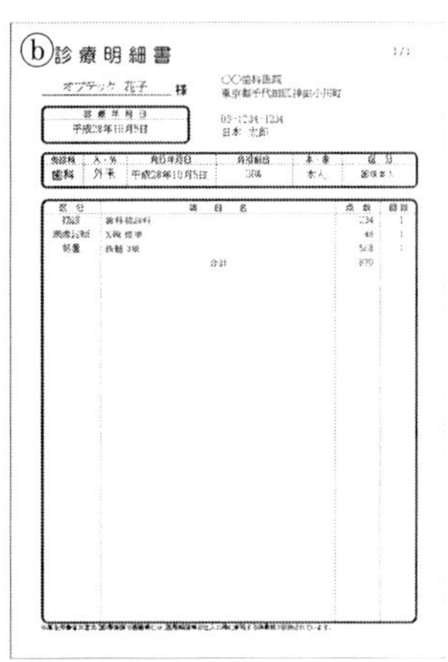

ⓑ診療明細書　1/1

オプテック 花子　様

○○歯科医院
東京都千代田区神田小川町
03-1234-1234
日本 太郎

診療年月日
平成28年10月5日

受診科	入・外	発行年月日	負担割合	本・家	区分
歯科	外来	平成28年10月5日	30%	本人	国保本人

区分	項目名	点数	回数
初診	歯科初診料	234	1
画像診断	X線 標準	48	1
処置	抜髄 3根	588	1
	合計	870	

診療明細書

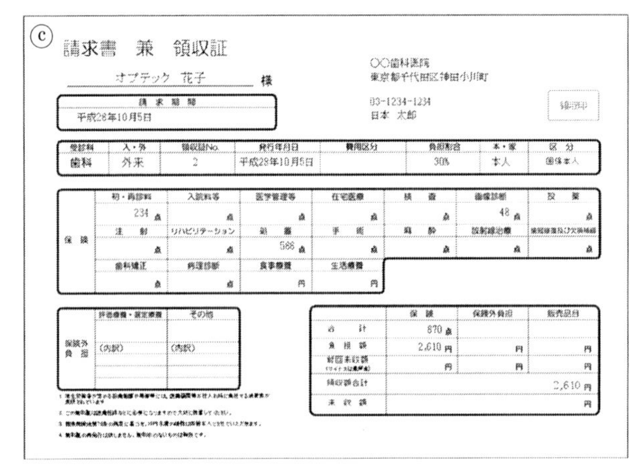

ⓒ請求書　兼　領収証

オプテック 花子　様

○○歯科医院
東京都千代田区神田小川町
03-1234-1234
日本 太郎

領収印

請求期間
平成28年10月5日

受診科	入・外	領収証No.	発行年月日	費用区分	負担割合	本・家	区分
歯科	外来	2	平成28年10月5日		30%	本人	国保本人

保険	初・再診料	入院料等	医学管理等	在宅医療	検査	画像診断	投薬
	234 点	点	点	点	点	48 点	点
	注射	リハビリテーション	処置	手術	麻酔	放射線治療	歯冠修復及び欠損補綴
	点	点	588 点	点	点	点	点
	歯科矯正	病理診断	食事療養	生活療養			
	点	点	円	円			

保険外負担	評価療養・選定療養	その他
	(内訳)	(内訳)

	保険	保険外負担	販売品目
合計	870 点		
負担額	2,610 円	円	円
前回未収額	円	円	円
領収額合計	2,610 円		
未収額	円		

請求書兼領収書

図 1.9

れた保険点数を記録したCDROMを個々の歯科医院に送りシステム管理者である歯科医師がインストールなどを行っていた．しかし，近年のシステムでは，これらのデータをネットワークで送信するリモートメンテナンスの方式を採用しているものもある．

7. システム開発の過程

上記のシステムは，オプテック社が開発した歯科医院向け診療支援システム：Opt.one を参考にしている．このシステムの開発を**ソフトウェア工学**の観点から考えてみる．Opt.one は初期バージョン開発から 10 年ほどが過ぎているにも関わらず先進的なシステムになっている．初期のシステムでは初歩的な電子カルテ機能を中心に設計されたが，その後，顧客である歯科医師などからの要望を取り入れる形で，上記に紹介した歯科医院業務の総合支援システムへと発展させている．このように，図 1.10 に示すような何段階かのバージョンアップを繰り返すことで機能を充実させていく開発形態は，**進化型開発**と呼ばれる．

システム開発の過程では，4. 項に示したシステムの機能動作の実現だけではなく，5. 6. 項に示したシステムに求められる性能や運用・保守面なども考慮して，ソフトウェア工学の技術を活用して開発が進められた．

また，開発形態としては，コアになる少人数チームが開発を主導する**アジャイル開発**（2.5 節参照）に近い形態がとられている．一方でシステム実装面では，利用者指向の画面を中心にした構成となっており，アジャイルに適合させるために開発言語は C# を利用している．

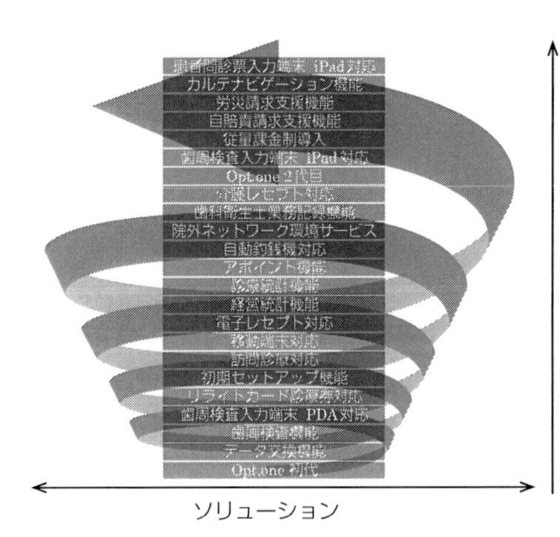

平成28年度　診療報酬改訂
平成26年度　診療報酬改訂
平成24年度　診療報酬改訂
平成22年度　診療報酬改訂
平成21年度　歯科電子レセプト請求開始
平成20年度　診療報酬改訂
平成18年度　診療報酬改訂
平成16年度　診療報酬改訂

図 1.10　Opt.one 開発の経緯

設計は機能紹介でも触れたとおり，①患者，歯科医師，歯科衛生士，受付などのステークホルダを洗い出し，②歯科医院の業務分析から出発して，各ステークホルダの役割を定義し，③各ステークホルダが役割を効果的に果たせるように支援するアウトプットを定義し，④その結果，各ステークホルダが期待する効果（アウトカム）が得られることを確認する必要がある．

以上のような一連の開発の流れを確実に進めていくためには工学的なアプローチが必要であり，そこで扱われる情報を中心に可視化していく必要性がある．そのためにUML（4.6節参照）などのモデリング表記を利用してシステムの静的構造や動き（振る舞い）などを検討し定義している．

1.4　ソフトウェア工学の役割

ソフトウェアシステムを構築するビジネスを考えた場合，そこで生み出されるソフトウェアシステムはそのビジネスにおける製品という位置づけになる．一般的にソフトウェアに限らずビジネスによって生み出される製品には品質面・価格面などについて様々な制約があり，最終的にはユーザがその製品を安心して利用できなければいけない．この点についてはソフトウェアシステムも同様であり，製品として開発されるソフトウェアの品質やコスト（価格）あるいは開発納期などを最適化するためには，適切な開発作業とそれを支える開発技術を用いなければならない．

Q：Quality：品質
C：Cost：コスト
D：Delivery：納期

ソフトウェア工学とは，ソフトウェア開発におけるこれらの３大要素—**品質**，**コスト**，**納期**のバランスを取りつつ，利用者の安心や信頼につながるソフトウェア製品を生み出すための技術である．また，製品としてのソフトウェアは単に計算機上で実行されるプログラムだけではなく，そのプログラムを実現する上で検討された仕様や設計，あるいは動作確認に用いられるテストデータやユーザに提供されるマニュアルなどのすべてが含まれる．この点を考えると，ソフトウェア工学とは，ソフトウェア開発の過程で，様々な情報を分析・検討したり，それらをドキュメントとして整理し，プログラムとして形作っていくための技術や考え方の集合であると理解しても構わない．

近年のソフトウェアシステムは規模の大きなものが増加しており，これらのシステム開発は複数人で構成されたプロジェクトとして開発される場合も少なくない．このような大規模なソフトウェア開発では，対象ソフトウェアを様々な視点から分割し，各部分の開発をそれぞれの技術者が担当するという分担開発形態をとる．このような開発形態においても，それぞれの部分の開発が円滑に進め，最終的に品質が保証されたソフトウェアシステムとして実現できるようにするために，ソフトウェア工学の技術が利用される．

演習問題

問1　ソフトウェアシステムを開発する場合に，ユーザとベンダのそれぞれの役割について説明しなさい．

問2　本文中で紹介した歯科医院向け診療支援システムについて，システムの目的・役割を簡潔に整理しなさい．

第2章 ソフトウェア開発の流れ

企業や技術者が責任をもって製品を世の中に出すためには，開発過程において様々な作業を順序立てて実施することが必要である．ソフトウェアシステムの開発においても，この原則は同じである．第2章ではソフトウェア開発に必要な作業とその実施順序について，開発プロセスの概念を中心に説明する．

2.1 開発フェーズ

1．開発の大きな流れ

ソフトウェアシステムの開発は，プログラムの作成とは異なる．単にプログラムを作成するだけであれば，エディタを開いてプログラムコードを打ち込むだけでも構わないかもしれない．しかしビジネスとして品質・コスト・納期のバランスを取りながら，顧客の求めるソフトウェアシステムを開発するためには，以下に示すStep-1〜Step-5に紹介する作業を段階的に実施していかなければならない．

Step-1：要求の獲得と評価分析

「どのような業務（ビジネス）に，何を目的としてどのようなシステムを導入したいのか」といったユーザの要望を聞きだし，分析評価する．

Step-2：システムの企画提案

獲得・分析した要求を基に，どのようなシステムにするかを開発チーム内で検討し，ユーザに企画提案する．

Step-3：システムの開発

ユーザの確認が得られた企画提案を基に，実際にシステムを設計し，設計に基づいてシステム実装して，システム開発を行う．また実装したシステムが当初のシステム要求や企画と合致したものであることを確認（検証）する．

Step-4：システム運用

開発が終了したシステムは通常，ユーザに引き渡され，ユーザサイドでの運用を開始する．

Step-5：システム保守

システムの実運用が始まると，ユーザやエンドユーザから様々な改善要求などがあげられることがある．こうした要求を踏まえ，適切なタイミングでシステムの機能改良や部分的な不具合の修正などの保守作業を行う．

進化型開発：
Evolving System Development

上記のStep-1〜Step-5は新規にシステムを開発する場合の手順である．一方で多くのソフトウェアシステムは，既存のシステムがある状態で，そのシステムに機能追加などを加え発展的に拡張していくケースが多い．こうした開発は「**進化型開発**」と呼ばれる．この場合には，既存システムに対する不具合や要望などがStep-1の要求の獲得の出発点となり，Step-1からStep-5を繰り返すことでシステムが進化していく．

2. 開発フェーズとステークホルダの関係

上記のStep-1からStep-5の各ステップでは，表2.1に示すように様々なステークホルダが検討や意思決定に関係する．

①　要求の獲得と要件分析フェーズ

ユーザから提示された要望や要求を，ベンダ側のシステムエンジニアが咀嚼する．そして**システムエンジニア**は顧客が抱える課題や

表 2.1 開発フェーズとステークホルダ

	エンドユーザ	ユーザ	ベンダ				
			システムエンジニア	ソフトウェアエンジニア	プログラマ	テスト担当者	品質保証担当
要求定義	△	◎	◎	△			△
設計		△	○	◎	◎	△	△
実装			○	○	◎	△	△
テスト検証		○	○	○	○	◎	○

◎ 作業の主体となるステークホルダ
○ 必要に応じて作業の主体者とともに作業するステークホルダ
△ 必要に応じてアドバイスやレビューなどの形で作業に参画するステークホルダ

問題に対して，どのようなシステムを導入することでそれらが解決できるかをシステム提案として提示し，顧客の合意をとる．

顧客に対してシステム提案を行う際には，必要に応じてシステム実現を担う**ソフトウェアエンジニア**やシステムの品質を担う**品質保証担当者**などの意見も考慮したほうが，システムとして実現可能性の高い提案をすることができる．

② **設計フェーズ**

顧客の合意が得られたシステム提案を，どのような方法でソフトウェアシステムとして実現していくかは，ソフトウェアエンジニアや**プログラマ**が中心になって検討する．この場合にも，必要に応じて顧客やベンダ側のテストや品質の担当者らの意見を聞く機会を設けたほうが，確実な設計になる場合が多い．

③ **実装フェーズ**

ソフトウェアの実装は主としてプログラマが担当する．プログラマはシステムの設計書や企画書を基に，プログラム設計やプログラム実装を行う．プログラムを実装する際の入力情報は，システムエンジニアが作成したシステム仕様書や，ソフトウェアエンジニアが作成したソフトウェア設計書であるため，これらのエンジニアと密に情報確認を行いながらプログラム実装が進められる．

④ **テスト検証**

実装を終えたシステムに対して，テスト担当者は当初の顧客要求やシステム設計の通りに動作するかどうか，あるいは，システム動作に誤りや矛盾がないかなどを確認する．システムの動作などに誤りなどがある場合にはシステム実装を担当したプログラマやソフトウェアエンジニア，システムエンジニアに確認をしたり，修正を依頼しなければならない．また，実際に動作するシステムができた段階で，顧客による動作確認などを求められるシステムもある．

このようにソフトウェアシステムの開発は，開発のそれぞれのフェーズで多くのステークホルダが連携し，合意のもとに進められるということを理解しておかなければならない．

2.2　開発プロセス

1．開発プロセスとは

プロセスとは複数の関連する作業から構成される作業群である．プロセスに属する個々の作業は**プラクティス**あるいは**タスク**，**アクティビティ**と呼ばれる．

例えばシステムをどのような構造にするかを考え決定する作業は一般的に「設計」と呼ばれる．この「設計」という作業の中にはシステムの論理構造を考える作業やその論理構造で利用されるデータ構造を考える作業をはじめ様々な事項を検討し決定していくことが求められる．この場合，これらの作業のまとまりは「設計プロセス」として定義することができ，システムの論理構造を考えたり，データ構造を検討する個々の作業が「設計プロセス」を構成する個々のプラクティスとなる．

2．プロセスの構造と階層化

プロセスには大小様々なプラクティスが含まれるが，どこまでをその範疇に含めるかによってプロセスの大きさや粒度は異なる（図2.1）．

言い換えると，プロセスはその粒度に応じて，階層構造をもたせることもできる．例えば，「設計プロセス」をもう少し小さな粒度の設計作業の集まりとしてとらえると，「外部設計プロセス」「内部

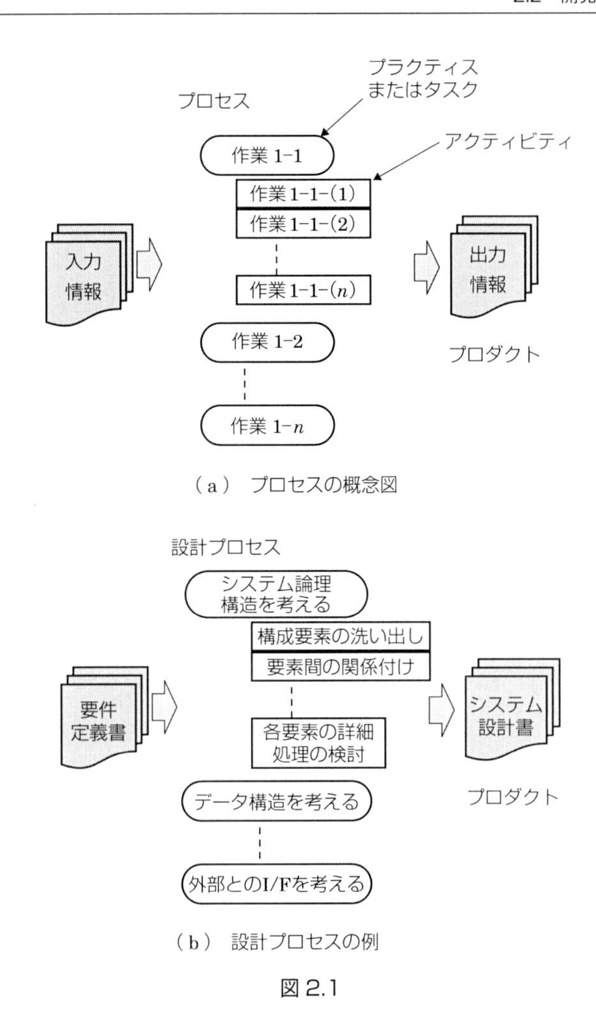

（a） プロセスの概念図

（b） 設計プロセスの例

図 2.1

設計プロセス」あるいは「データ設計プロセス」「ユーザインタフェース設計プロセス」のようなサブのプロセス群の集まりとして定義することも可能である．

プロセスを体系的に定義する際には，作業のまとまりとしてある決まった人や作業グループでできる作業の単位かどうかや時間的に同時期に実施できるかなどを考慮して作業群としてのプロセスを決めていかなければならない．

また，より厳密にプロセス定義を行う場合には，複数のプロセスを一纏めにしたプロセスカテゴリ（作業群）という上位概念を導入する場合もある．例えば，要件定義プロセス，設計プロセス，実装プロセス，テストプロセスなどの開発の主たる作業に関わるプロセスは，その上位の開発プロセスカテゴリに区分される．また，品質管理プロセス，進捗管理プロセスなど開発を進めていく上で主たる作業を支援するためのプロセスは支援プロセスカテゴリに区分することができる．

3. プロセスの定義と入出力

個々のプロセスあるいはプロセスを構成するプラクティスを実行する場合，基本的に何らかの入力（前情報）が与えられ，その入力に対して何らかの作業が行われて，結果として何らかの出力（情報）が生み出される．言い換えると，どのようなプロセスであっても，プロセスにはIn（入力）とOut（出力）が伴わなくてはならない．プロセスを実行した結果，作り出されるものはプロダクト（成果物）という．

一方で，これらのプロダクトは開発を担うベンダ内で活用され保持されるものと，ユーザに引き渡されユーザ側で活用・保管されるものがある．特に後者は，ユーザに引き渡す単なるプロダクトというだけではなく，それらがユーザにどのような価値をもたらすかというアウトカムの視点も考慮しておかなければならない．

通常，ソフトウェアシステムを開発する場合には，「どのような作業を行うか――すなわちどのようなプロセスを実行するか」を決めなければならないが，その場合にも，単に作業としてのプロセスを決めるだけではなく，その作業への入力情報，作業結果としての出力情報も合わせて決めておかなければならない．

2.3　標準的なプロセスモデル

プロセスは関連する作業を体系的に整理した作業群であるため，その実行順序や時間的な実施順序は考慮しない．しかしながら，実際にシステムを開発する際には，これらの作業をどのような順序で行うかは極めて重要である．この点から，個々のプロセスをどのような順序関係で実施していくかも含めて典型的なパターンを整理したものをプロセスモデルと呼ぶ．代表的なプロセスモデルとして，**ウォータフォールモデル**，**スパイラルプロセスモデル**，**V字型プロセスモデル**などが利用されている．また，仕様が曖昧な場合や技術課題などがあり開発の見通しが立てにくい場合には，一部の機能の試作などを行う**プロトタイピングモデル**を併用する場合もある．

1．ウォータフォールプロセスモデル

ウォータフォールプロセスモデルは図2.2に示すように，**要件定義**，**外部設計**，**内部設計**，**テスト**といった個々のプロセスを開発の初め（上流）から，順番に着実に実施していく．例えば，最初の要件定義プロセスでは，顧客からの要求・要望を入力情報として，要件定義書を作成する．次の外部設計プロセスでは，要件定義書を入力として，システムの外側から見た形や構造を考え，それらを外部設計書として整理する．このようにウォータフォール型の開発は，システム開発の方式としては非常に手堅い方式であり，開発工程の管理が容易といった長所がある．

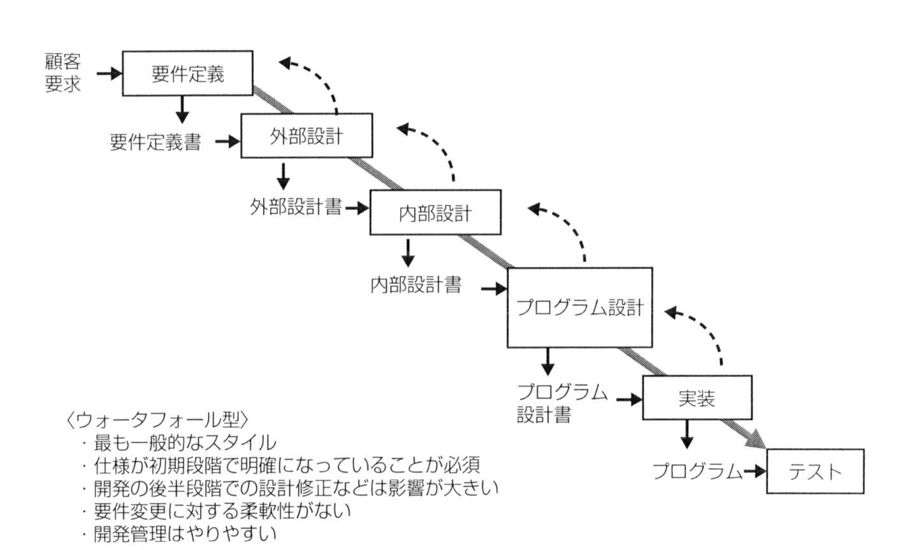

図2.2　ウォータフォールモデル

一方で，ある工程での作業が不完全な場合には，その次の工程に進めないといった問題や，逆に不完全なまま次工程に進んでしまった場合には，再度，その前の工程・作業に戻って実施しなおさなければならないといった問題が生ずる場合もある．さらに，開発の後半（下流）で仕様の変更などが発生した場合，開発の上流まで戻って検討や修正を行う必要が生じ，作業の戻り幅が大きくなるという弱点をもっている．

ウォータフォールモデルは開発の初期段階から仕様，設計を確実に固めながら進めていくというその性質から，仕様や設計などを開発前半で確実に検討し決定して進めていかなくてはならないタイプのシステムの開発で利用される．具体的には規模が大きく開発期間が長いシステム，多くの人々が関係するシステム，高い信頼性が求められるシステムや技術的に安定していて先を見通しやすいシステムの開発で採用される場合が多い．

2. スパイラル型プロセスモデル

スパイラル型プロセスはソフトウェア開発の作業プロセスフロー中に，

① 目標の設定と対策・手段の検討
② 対策・手段の評価
③ 開発・検証
④ 次の部分の開発計画策定

といった４つの段階を明確にすることを特徴とする．この具体的な実現法の一つとして，ソフトウェアの一部を試作するプロトタイピングを開発プロセスの中に加え，ユーザを含めたステークホルダからのフィードバックや要望に柔軟に対応しながら，精査や改善を繰り返し，徐々に完成に近づけていく．

比較的規模の大きなシステム開発では，図2.3に示すように，システムを一括して開発するのではなく，部分に分けて段階的に開発していく場合も多い．具体的には，あるシステムを開発する際に，システムを構成する個々のサブシステムなどの独立性の高い部分に分割し，それらを順番に構築する．このような場合に，各部分の開発についてスパイラル型プロセスモデルの考え方を適用して，開発

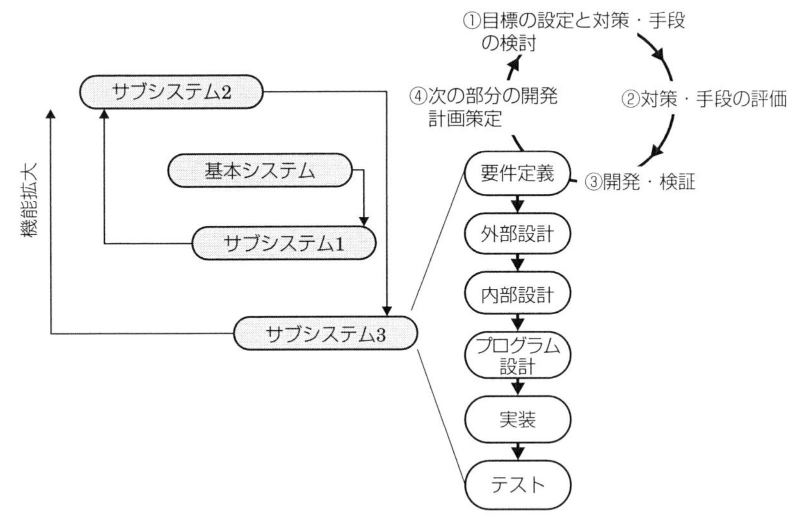

図 2.3　スパイラルモデル

過程でのリスクを抑えていく．このようにして，1つのサブシステムが出来上がると，次のサブシステムを追加開発していくといった形で雪だるまのようにシステムの拡張を繰り返し，最終的に狙ったシステム全体を作り上げていくことができる．

スパイラル型の開発はシステム開発の初期段階でシステムの全体像が見通しにくいシステムや開発途中で仕様変更が入る可能性の高いものなどに適している．一方で，システム開発全体を見通した開発工程の管理が難しいなどの弱点もある．

3. V字型開発プロセスモデル

V字型開発プロセスモデルは図2.4に示すように，開発の上流工程を左側に，実装以降の開発下流工程を右側に表現する．このプロセスモデルは，プロセスの実施順序という点ではウォータフォール型プロセスと大きな差異はないものの，プロセス実行時にV字型の左辺と右辺を対応させて考えていくことを特徴としている．すなわち，システム要件定義に対応する作業としてシステムテストを，外部設計に対応する作業として機能テストを，内部設計に対応する作業として結合テストをそれぞれ対応させ，各レベルでの作業結果

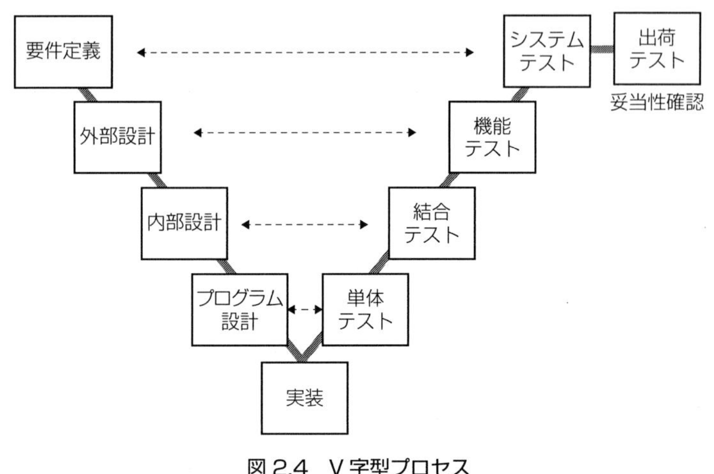

図 2.4　V 字型プロセス

の確認を明確に位置付けることを意図している．

4. プロトタイピングモデル

仕様が曖昧で十分に決めきれない場合や技術的に課題がある場合，システムの一部の機能を試作する方式をプロトタイピングという．ソフトウェアシステムの内部構造や動きは，開発の当事者以外からは非常にわかりづらいという特徴をもっている．このため，ソフトウェアの中でも特にユーザインタフェースなど操作やその結果としての動きを伴う部分についての仕様や構造は，ユーザの理解が得にくい．こうした問題を解決するために，検討中の仕様などの一部をプロトタイプとして簡易な方法で実装し，実際に動作するものをユーザに見せて仕様を確認したり，技術課題の確認をする．プロトタイピングでは，

使い捨て型：あくまでも仕様や技術課題の確認・検討を目的として，それらの確認が取れた時点で廃棄する

進化型：仕様や技術課題検討用に作成したプロトタイプを，実際のシステムの一部として，取り込んで利用する

という２つの方法が利用される．

2.4 実務を意識した開発プロセス標準

ソフトウェアを開発するどのような組織にあっても，開発作業は存在する．したがってどのような組織であっても開発プロセスは存在する．しかし，そこで行われているプロセスにどのような名称をつけ，それにどのような作業（プラクティス）が含まれるかは組織によってまちまちである．

例えばA社では「ソフトウェア設計」というプロセスで内部の詳細な処理設計を中心に行うのに対し，B社はそれに加えユーザインタフェースの設計まで含んでいるとする．ここで，B社がA社に「ソフトウェア設計」の委託を行った場合，B社が期待するようなユーザインタフェースの設計までは含まれず齟齬（そご）が生じてしまうかもしれない．

こうした実務上の混乱を未然に防止することを目的に，ソフトウェア開発で実施される主要な開発作業をプロセスの観点から整理した国際標準として**ISO/IEC12207**（Software Life Cycle Model）が規定されている．この国際規格ではソフトウェア開発に必要とされる作業について，作業の内容や成果物，各作業間の関連なども規定している．この規格を参照することで上記のような企業間や各組織間の開発作業や開発プロセスの食い違いを未然に防止することができる．ISO/IEC12207については日本国内ではこれを翻訳してJIS-X0160が発行されている．しかし，実際の情報システムの現場では，この**JIS-X0160**を拡張した**共通フレーム2007**が参照利用される場合が多い．

共通フレームならびにISO/IEC12207では，図2.5に示すようにソフトウェア開発に関わるプロセスを主ライフサイクルプロセス，支援ライフサイクルプロセス，組織ライフサイクルプロセスという3つのプロセスカテゴリに分けた点が特徴的である．主ライフサイクルプロセスには，ソフトウェアの開発，保守，運用などの各ステージに必要な作業群が定義されている．例えば開発については要件定義，設計，実装，テストなど直接的にソフトウェアの開発を行う作業群が含まれる．一方，支援ライフサイクルプロセスは品質保

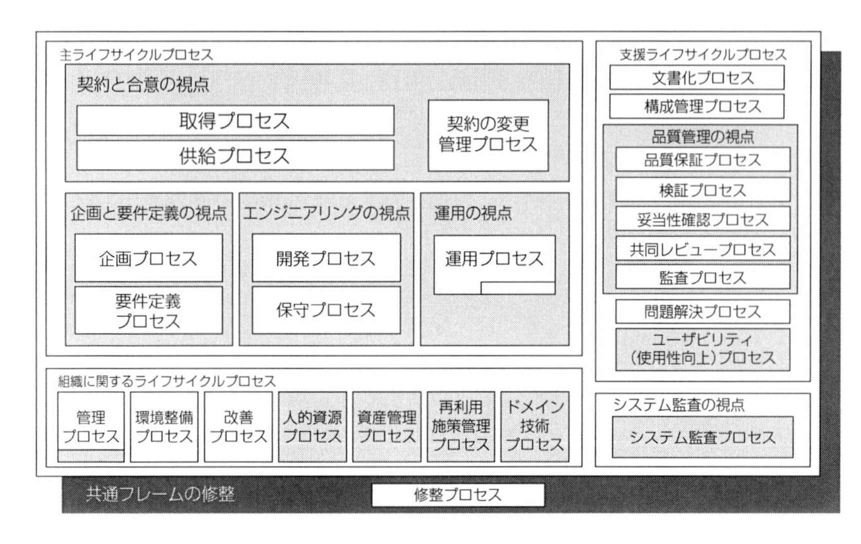

（注）共通フレーム2007より引用

図 2.5　SLCP（共通フレーム 2007）

証，文書化など開発を間接的に支える作業群を含んでいる．また，組織ライフサイクルプロセスには，組織管理や教育訓練など組織として取り組むべきプロセスが盛り込まれている．

ISO/IEC12207 では上記の各プロセスカテゴリに含まれるプロセスごとに必要な作業をプロセス/アクティビティ/タスクという 3 階層で整理している．また，ISO/IEC12207 は主にソフトウェア開発に焦点を合わせたものとなっているが，さらにその上位のシステムとして考える際には **ISO/IEC15288**（System Life Cycle Model）にシステム開発に関するプロセスが規定されている．

2.5　開発プロセスの検討

1. プロセス検討の基本

ソフトウェアシステムの開発を行う場合，開発に先だって，どのような作業が必要となるかを検討・決定しなければならない．この検討ならびに決定作業を開発プロセスの設計という．開発プロセス

の設計では,

・対象とするソフトウェアシステムの規模や機能,特徴
・既存のソフトウェア資産の採用や流用の可否
・開発メンバーやプロジェクトメンバーの経験やスキル
・開発組織自身が有する技術

なども考慮したうえで,どのような作業・プロセスが必要であり,それらをどのような順序で実施していくかを検討決定する.また,この検討の段階ではプロセスに関わる制約事項として,開発に投下可能なコストやソフトウェアシステムのユーザ側の要求や都合なども最大限考慮しなければならない.

2. プロセスの不確定性

プロセス設計では開発しようとしているシステムについて,どの程度の確度をもって見通しがつけられるかによって,採用するプロセスに違いが生じてくる.情報関連の技術は進化が極めて早く,それに呼応してユーザ要求も極めて高度になる中で,システムの見通しがつけにくい開発も増加してきている.このようなシステムでは,プロセスの不確定性が高まり,ウォータフォールを始めとした定型的なプロセスモデルの採用が難しい場合もでてくる.

プロセス不確定性の高いシステム開発では,近年,**アジャイル開発プロセス**とよばれる柔軟なプロセスの考え方が広まってきている.開発対象とするソフトウェアシステムの仕様などが開発初期段階で明確に決めきれない場合に,適宜,開発プロセスを調整しながら開発を進めていく方式がアジャイル開発プロセスである.アジャイル開発プロセスについては,Scrum,XP など様々な方法論が提案されているが,その多くは短期間に区切った開発作業・工程を反復しながら進めていく.そして,このような作業の繰り返しを重ねて次第に全体を作り上げていくという考え方を採っている.その過程で関係者間の密な議論と意思決定を繰り返すことで,開発時のリスクを最小限に抑え,より的確で俊敏な開発につなげていくことができる.

一方で,このような特徴をもつアジャイル開発プロセスは,比較的少人数で開発する場合などには適するものの,中長期にわたり

様々なステークホルダが関係する規模が大きく複雑な開発では，適用が難しい場合もある．

2.6　工程設計

検討した開発プロセスは，実際の開発作業として，開発の開始から開発終了・製品出荷までの期間内に実施されなければならない．開発の時間軸上のどのタイミングや時期にどの作業を行うかを配置したものを**工程**と呼ぶ．システム開発の工程を決める際には，

① 作業の順序関係

② 作業に要する**工数**（何人でどれくらいの時間を要する作業か）

③ 上記①②を考慮した場合に並行で実施できる作業などがないか

④ 作業の区切りで，作業結果や内容の確認をする必要があるか，あるいは顧客などの確認を取る必要があるか

などを考慮して，実際の作業実施日と期間を決定していく．**工程設計**では **WBS** の検討整理と **PERT** による作業順序の検討が基本となる．

WBS：Work Breakdown Structure

PERT：Program Evaluation and Review Technique

1．WBS

実際にソフトウェアシステムの開発工程を決める場合には，基本となる開発プロセスとそこに含まれるプラクティス（作業）を念頭に，開発に必要なすべての作業の洗い出しを行う．そして，洗い出された作業は WBS に整理する．WBS は図 2.6 に示すように，開発を進める上で必要な作業を洗い出し，それらに構造をもたせて表に整理したものである．例えば，図 2.6 の例では，「ソフトウェア要件定義」という作業プロセスの中で，「制約条件の検討」「機能要求の分析」「非機能要求の分析」などの作業を行い，「制約条件の検討」作業の結果として，「制約条件リスト」を作成することを示している．各作業によって作成される成果物はワークパッケージと呼ぶ．また，WBS の右側に整理される WBS ディクショナリ部には，それぞれの作業の担当者や各作業に必要な作業工数などを記入す

WBS			WBSディクショナリ					
プロセス名	WBSコード	ワークパッケージ	作業責任者	作業開始予定日	作業終了予定日	作業期間	平均工数	作業工数
ソフトウェア要件定義	制約条件検討	制約条件リスト	A					
	機能要求分析	機能要件リスト 機能要求図	B					
	非機能要求分析	非機能要件リスト	B					
	要求優先度付	優先度リスト	A					
	要件定義書整理	要件定義書	B					

抽出した作業をプロセスごとに分類し、ワークパッケージとペアにして整理する

この部分は作業量の概算見積もりにより求める

図 2.6 WBS の例

る．なお，各作業に必要となる工数を算出する作業を**見積もり**といい，過去の類似プロジェクトでの実績を参考に見積もる類推法や，各作業の標準的な作業工数を予め定めて見積もる方法など様々な見積もり方法が提案・利用されている．

2. PERT

PERT は WBS で整理された作業を，どのような順序で実施するとプロジェクト全体として最短で終えることができるかどうかを検討評価し決定する手法である．作業の実施順序としては表 2.2 に示すように，強依存関係，任意依存関係，外部依存関係，無依存関係の 4 つの関係が考えられる．PERT を作成する場合には，個々の作業について，これらの依存関係を相互に考え，図 2.7 に示すようなダイヤグラムに整理する．図中で○は作業間の区切り（イベント）を示し，その間をつなぐ矢印が個々の作業に相当する．作業を示す矢印は，その作業に要する工数に応じて長さを変える．例えば，図

表 2.2 作業間の依存関係

強依存関係	ある作業の成果物が次の作業の必須の入力となるような場合
任意依存関係	ある作業の成果物が次の作業の入力となっているが必ずしも必須ではない場合
外部依存関係	ある作業の開始が自プロジェクトの外部の要因によって決まる場合
無依存関係	ある作業と別作業が特定の依存関係をもたず並列に作業できる場合

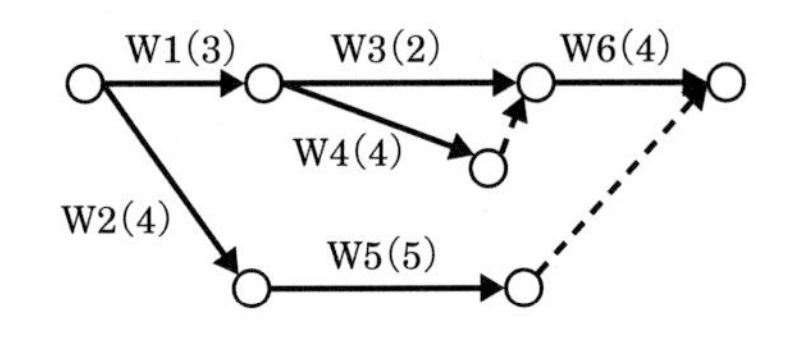

・(　)内は作業に必要な日数
・W1～W6は作業名
・ - -➔ は作業タイミング同期を示す

（a）　PERTの例

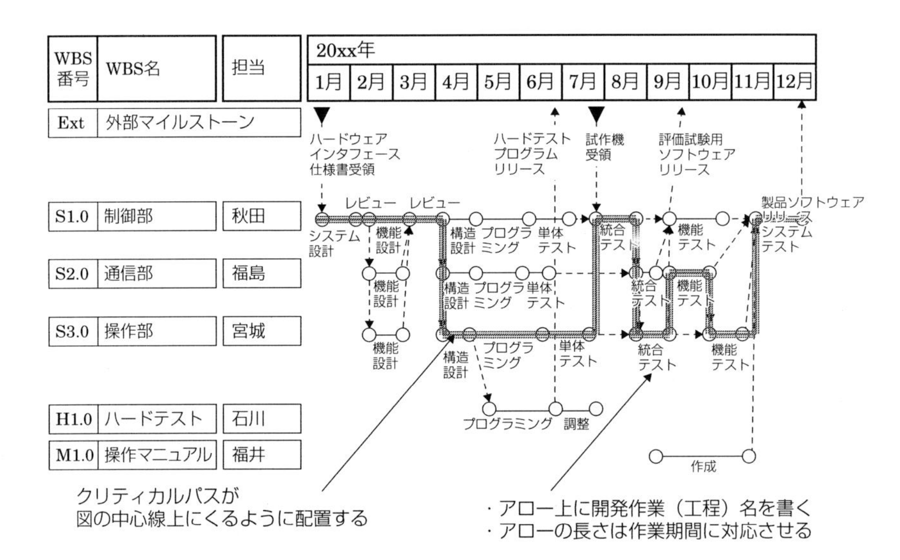

（b）　実際のプロジェクトでのPERT作成例

図 2.7

2.7（a）の場合，W1 の作業に 3 日，W4 の作業に 4 日，W4 の作業と並行して W3 の作業を実施するのに 2 日かかり，W3 と W4 の作業が終了したタイミングで，次の W6 の作業を 4 日かけて行うといったことが読み取れる．なお，この図の場合，W1 ⇒ W4 ⇒ W6 の作業系列（作業パス）がすべての作業パス中で最も日数を要し，この作業パスが何らかの理由で遅れたりした場合に，プロジェクト全体の開発期間に影響を及ぼすことが想定できる．PERT 中でプロジェクト全体の期間に影響与える作業パスを**クリティカルパス**と呼ぶ．PERT を作成する段階で，どの作業系列がクリティカルパスに相当するかを見抜いたうえで，開発工程のどの部分に，どの程度の余裕をもたせるかを検討しておかなければならない．

2.7 開発スケジュール

プロセス設計，WBS，PERT の検討結果を基に，**開発スケジュール**を作成する．通常，開発スケジュールは図 2.8 に示すような**ガントチャート**と呼ばれる線表で表記する．図 2.8 に示した線表は開発スケジュールの中でもプロジェクト全体の日程計画をおさえるための大日程計画と呼ばれる．さらに個々の作業フェーズに関する詳細なスケジュールは中日程計画，小日程計画といった形でより具体的な作業に展開した線表を用いて整理する．また，図 2.8 に示すように，開発スケジュールには個々の作業フェーズと共に，顧客の立ち会いなどの外部イベントや，開発チーム内の設計審査（レビュー）などの内部イベントも明記する．

また，開発スケジュールについては，特に開発の開始日および開

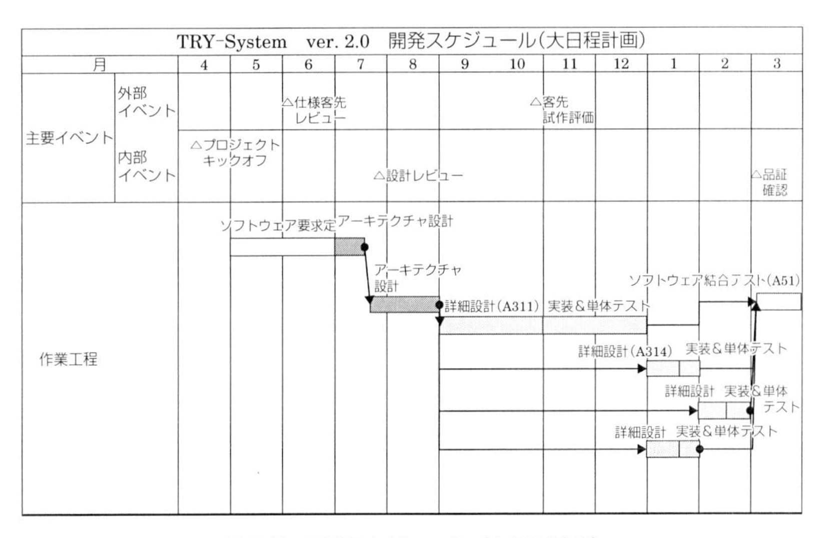

図 2.8 開発スケジュール（大日程計画）

発完了日を確実に押さえなければいけない．また，開発完了日を重視するあまり，個々の作業に必要な工数を圧縮したり，あるいは必要な作業を省いたりすることがないように注意しなければならない．

演習問題

問１　ある歯科医院から歯科医院業務支援システムの開発を委託された．第１章に紹介した歯科医院向け診療支援システムの記述を参考として，ウォータフォールプロセスモデルで開発を進める場合に，

①どのような開発フェーズが必要となり

②その開発フェーズを進める上で，どのようなステークホルダが関係し

③それらのステークホルダはその開発フェーズ内で，どのような役割を担うかを整理しなさい．

問２　第１章に記載した歯科医院向け診療支援システムの実際の開発では，「進化型開発＋アジャイル開発プロセス」で開発が行われた．なぜ，このようなスタイルを作用したのか，また，このような開発スタイルをとったことによる利点はどのようなところにあったかを考察しなさい．

第3章 ソフトウェアシステムの構成

ソフトウェアやシステムの構造はアーキテクチャと呼ばれる．第３章では，まず情報システムで採用される典型的なアーキテクチャを紹介する．また，それらについて，システム構成要素や外部システムを繋ぐ方式や，システム内で動作するソフトウェアの基本的な構成についても説明する．

3.1 システムのアーキテクチャ

1．システムアーキテクチャとは

例えば建築の世界では，時代や建物の機能用途，建築技術の変遷とともに，ゴシック様式，ロココ様式など建物の構造や意匠の様式が生み出されてきた．ソフトウェアシステムについてもこうした建築の世界と同じく，計算機やネットワーク技術の進化とシステムへの期待・役割の変化とともに，様々な様式のシステムが提案され利用されている．こうしたソフトウェアシステムの構成や構造を総称して，**システムアーキテクチャ**という．

あるシステムを作ろうとする際に，そのシステムのシステムアーキテクチャを考えること，すなわち，

① どのような構成・構造で実現するか

② それによってどのような機能動作をユーザに提供するか

を考えることは，システム開発において最も重要な事項の一つである．ここで構成・構造とは，あるシステムを実現する場合に，どのような計算機を何台利用し，その周辺にあるデータストレージなど含めた周辺機器を，どのようなネットワーク形態で連携させ，１つのシステムとしてまとめていくかということを意味している．また，「機能動作の提供」とはこのようにして構築された系によって，そこに内包される様々な情報やデータが，どのように分析・加工処理され，ユーザに対して新しい情報や価値を提示していくかを考えることを意味している．

ソフトウェアの視点からは「機能動作の提供」が主たる検討事項となるが，その前提として「システムの構成や構造」を理解しておかなければならない．

2. システムアーキテクチャの変遷と種類

ソフトウェアシステムの物理的なアーキテクチャは「計算機」と「ネットワーク」の二大要素により構成される．システムアーキテクチャはこの二大要素を支えるそれぞれの技術の進歩とともに，表3.1 に示すように様々な方式が実用化されてきた．

１つ目の要素である計算機については，1950 年代のノイマン型計算機を出発点として，半導体技術の進化とともに処理速度を始めとする性能向上が図られてきた．1960 年代には IBM System360 などに代表される汎用大型計算機（メインフレーム）が開発され，それらをビジネスに利用した集中型システムが考案され実用化された．

表 3.1

年代	方　式	代表的なコンピュータ
1950	ノイマン型計算機	EDSAC, EDVAC
1960	集中型システム/メインフレーム	IBM360
1970	オフィスコンピュータ	FACOM230
1980	パーソナルコンピュータ	Altair8800, PC8001
1990	クライアントサーバ方式	
2010	クラウドコンピューティング方式	

さらに1970年代以降，計算機は高性能化とダウンサイジング（小型化）が進み，それらを利用した分散処理システムの開発利用が進められた．さらに1980年代には小型高性能なパーソナルコンピュータ（PC）が実用化され，同時にシステムアーキテクチャの構成要素の2つ目であるネットワーク技術の基礎が整備された．これにより，ソフトウェアシステムもそれらを利用した分散処理システムやクライアントサーバシステムが考案され利用されるようになった．さらに1990年代にインターネットが本格的な普及段階に入ると，ソフトウェアシステムの中にもそれらを取り込んだシステムが考案され利用されるようになった．

これらの技術進化を背景に，21世紀に入るとインターネット世界に散在する計算機資源やその上のソフトウェア資源を有効にシステムに取り込んで利用する方式として，クラウドコンピューティングが急速に広がりを見せるようになった．さらに近年では，第1章でも述べたように物理事象を扱う組込みシステムと仮想空間における情報処理を融合させ，付加価値の向上を図るシステムも提案され利用されるようになってきている*．

*図1.3参照．

このようにシステムアーキテクチャの変遷は計算機技術とネットワーク技術の進歩を抜きにしては説明できない．その一方で，こうした様々なシステムアーキテクチャの変遷を支える大きな要因の一つとして，計算機システムに対するユーザからの期待やそれに伴う利用者の増大があったことはいうまでもない．情報工学の分野に限らず他のどのような分野においても，新たな製品やイノベーションを生み出す背景には，それらを支える技術の進化（**シーズ**）とそれらの製品に対する利用者の期待（**ニーズ**）が必要である．ソフトウェアシステムを開発する際にも，「現在の技術で何ができるか」，あるいは「このような技術が実用化されるとどのような製品ができるか」というシーズからの視点だけではなく，システムの利用者は「どのようなシステムを求めているのか」というニーズ側からの視点で開発するシステムを冷静に考えることが求められる．

3.2 典型的なシステムアーキテクチャ（HWアーキテクチャ）

1. 集中型システム

集中型システムとは，1台の高性能なホストコンピュータを中心に，その周辺に入出力を担う多数の端末を接続するアーキテクチャである（図3.1）．代表的なシステムの事例としては，列車などの座席予約システム（MARSシステムなど）がある．この方式では表3.2（a）に示すようにデータの一貫性が保ちやすいといった長所がある一方で，ホストへ負荷集中時のシステム処理能力の低下なども短所も併せもっている．

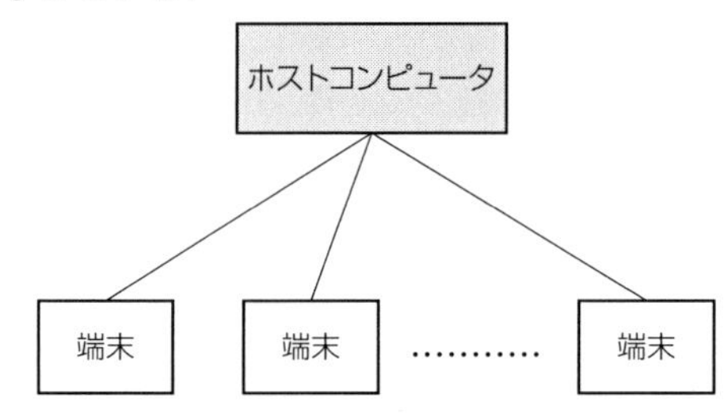

図3.1　集中型システム

表3.2　各システム形態の長所短所

方式		長所	短所
a	集中方式	・システム管理が容易 ・データの一貫性が保ちやすい ・故障時の対応が容易 ・セキュリティが保ちやすい ・ホストコンピュータの効率的な運用が可能	・開発・保守の工数が大きい ・システムの信頼性はホストコンピュータに依存 ・システム全体の柔軟性が低い
b	分散処理方式	・システム開発コストを低く抑えられる ・システム構成要素毎に最適なハード，ソフトを組み合わせて実現できる ・システムの拡張などが容易 ・障害個所の縮退などが容易	・システム管理が煩雑 ・セキュリティが保ちにくい ・障害発生時の原因個所特定が難しい
c	クライアントサーバ方式	・サーバを分散させることで処理集中に伴う負荷を低減できる ・システム構築が比較的安価にできる	・システム管理が煩雑 ・セキュリティ面への配慮が重要
d	クラウドシステム	・システム開発コストが低く抑えられる	・システムの一部がインターネット空間に仮想化されるためシステム全体像が見通しにくい ・システムセキュリティへの配慮が重要

2. 分散処理システム

複数の計算機をネットワークで接続し，それぞれが所有する資源を適宜，共有して全体としての処理を実現する方式である．

基本的な考え方として，図 3.2 に示すように機能分散と負荷分散という 2 つの考え方がある．前者はシステムで実現する複数の機能をいくつかの計算機に分担させる．一方，後者はシステムで実行する処理機能が特定の計算機の負荷にならないように，システムを構成する計算機の負荷バランスを考慮する方式である．

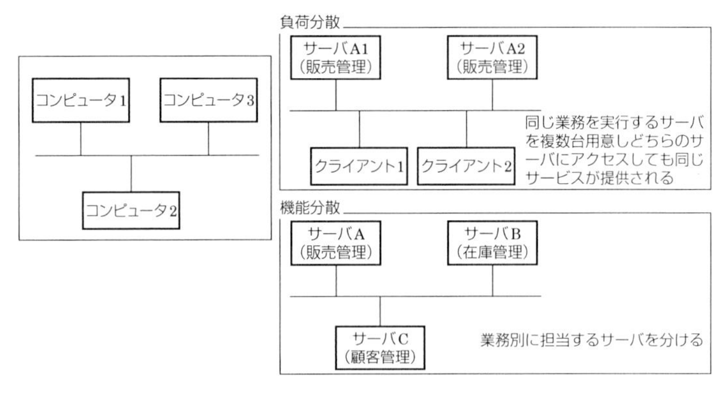

図 3.2　分散処理システム

また，システムが提供する機能やシステム内の役割に応じて，計算機を分散させる考え方がある．具体的には，機能や役割に順序関係や上下関係がある場合には垂直分散という考え方がとられるのに対し，こうした関係が薄くそれぞれを独立した処理ノードとして配置できる場合には水平分散という考え方を採用する（図 3.3 参照）．

分散処理システムについては表 3.2（b）に示すように，システムの拡張の容易さなど長所がある一方で，システム全体としてのセキュリティレベルの維持に工夫を要するなどの短所もある．

3. クライアントサーバシステム

現在の情報システムの大多数を占めるシステムアーキテクチャであり，機能分散型アーキテクチャの一形態である．図 3.4 に示すように，中規模程度のサーバコンピュータ複数台とパソコン程度の能

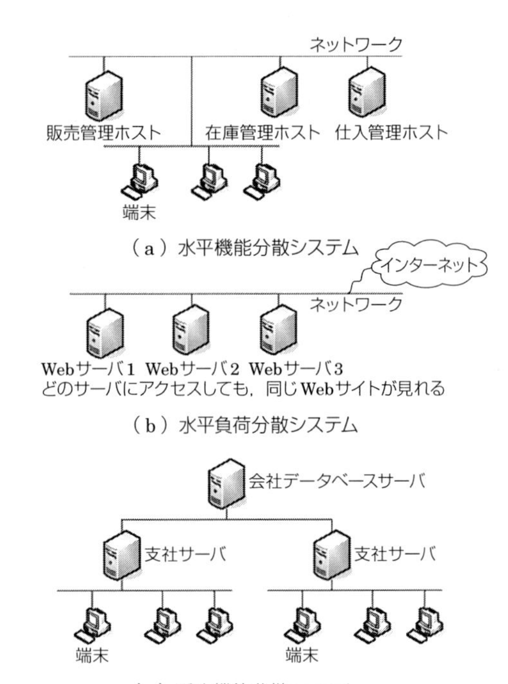

（a）水平機能分散システム

（b）水平負荷分散システム

（c）垂直機能分散システム

図 3.3　垂直分散と水平分散

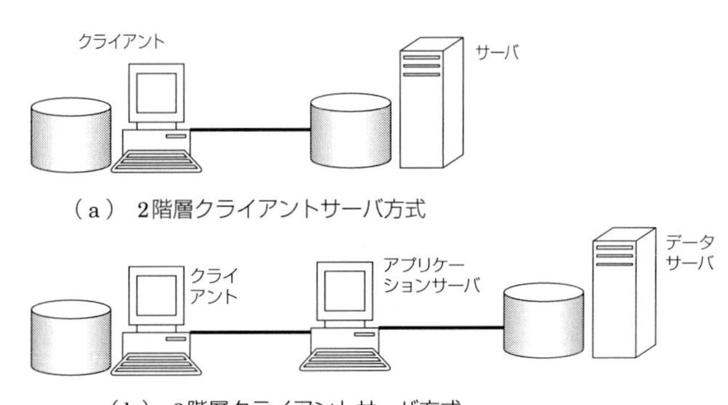

（a）　2階層クライアントサーバ方式

（b）　3階層クライアントサーバ方式

図 3.4　クライアントサーバシステム

力をもつ複数のクライアントコンピュータをネットワーク接続する．クライアントコンピュータでの処理内容に応じて必要なサーバが選択的に動作しシステムとしての機能動作が実現される．

最も単純なクライアントサーバシステムの形態は，図 3.4（a）に示す**2 階層クライアントサーバ方式**であり，第 1 章に示した歯科医院向け診療支援システムはこの形態をとっている．また，近年の規模の大きな企業情報システムなどの場合には，図 3.4（b）に示すように，データサーバ，アプリケーションサーバ，クライアントからなる 3 層クライアントサーバ方式を基本とするものが多い．**3 階層クライアントサーバ方式**のクライアントマシンはシステムで実施する業務のフロントエンド部を担っており，システムのユーザが直接操作などを行うユーザインタフェース部が重要な役割をもつ．一方でデータ層では業務で扱う多量の情報やデータを効率的に処理することが求められるため，データベースとしての能力やデータに関するセキュリティ面などが重視される．

クライアントサーバ方式についても表 3.2（c）に示すように，処理機能分散による負荷バランスの最適化など長所がある一方で，分散処理システムがもつセキュリティレベルの確保の問題など短所が存在する．

4. クラウドシステム

前述した 1. から 3. の方式ではシステムを構成する計算機資源は常にシステム内に備わっていることが前提となっていた．これに対しクラウドシステムとは，インターネット空間上に散在する計算機資源やデータストレージ，あるいはそれらの上のソフトウェアなどを有機的にシステム内に連結して利用するアーキテキチャである（図 3.5）．

クラウドシステムの実現形態としては，不特定多数のユーザを対象にインターネットを通じて公開されたクラウド環境を利用してシステムを構築するパブリッククラウド方式と，特定の企業のためだけにクラウド技術を利用してシステムを構築するプライベートクラウド方式がある．前者はシステムの保守面などをクラウドプロバイダに委ねることができるといったメリットの一方で，システム側から見るとクラウド部分がブラックボックスとなるため，システム障害時の対応に支障が生ずる場合もある．一方，プライベートクラウドの場合，システムを構築利用する自社内でシステムを占有するこ

図3.5　クラウドシステム

表3.3　クラウドサービスの形態

SaaS	Software as a Service	パッケージ製品として提供されていたソフトウェアを，インターネット経由でサービスとして提供・利用する
PasS	Platform as a Service	アプリケーションソフトが稼動するためのハードウェアやOSなどのプラットフォーム一式を，インターネット上のサービスとして提供する形態
IaaS	Infrastructure as a Service	情報システムの稼動に必要な仮想サーバをはじめとした機材やネットワークなどのインフラを，インターネット上のサービスとして提供する形態

とができる反面，システムの構築や維持のコストが高くなるといったデメリットがある．

また，クラウドシステムについてはクラウド内にどこまでの機能や役割をもたせるかによって，表3.3に示すようなサービス形態がある．

このようにクラウドシステムについては，パブリック/プライベートといったクラウドの利用方式と，SaaS/PaaS/IaaSといったクラウドが提供するサービス面からの区分などにより，様々な実現系

SaaS：Software as a Service

PaaS：Platform as a Service

IaaS：Infrastructure as a Service

が存在するが，それらをシステムに適切に取り込んで利用することで，より簡便・安価にシステムを構築することができる．

5. システム領域の拡張

前述の 1. ～4. は情報システムを中心にした典型的なシステムアーキテクチャである．

一方で，近年，組込みシステムで実現される物理事象への対応機能を情報システムと連結することで，システムの守備範囲を広げる考え方が広がってきている．具体的には物理事象を組込みシステムによってセンシングし，その情報を情報システムで他の情報と融合して分析することで，新しい付加価値を提供するサービスを実現したり，その結果を組込みシステム側に送ることできめ細かな制御を実現することができる．このように近年では情報システムと組込みシステムの境界線が互いに重なり合うようになりつつあり，1 つのシステムの中でも，前述の 1. から 4. で説明した複数の様々な形態のシステムが連携して動作するものも少なくない．

システム実現に際してはシステム開発の起点となるユーザ要求に応じて多様なシステム形態を考えることができる．このようにシステムが多様な実現形態をとる場合，それぞれのアーキテクチャの特徴も考慮に入れて，セキュリティやシステム負荷バランスなどを始めとして，システムを実現するソフトウェア面でも様々な工夫を施さなければならない．

3.3 システム連携

1. 情報システムにおけるネットワークの基本形

情報システムの多くは前節で述べたようなシステムアーキテクチャを基本に開発される．これらのアーキテクチャではシステムが提供する機能を考慮して通常，複数台の計算機を通信（ネットワーク）により接続する．計算機同士を通信で接続する形態としては，2 台の計算機をつないだ簡単な接続から，複数台の計算機をつなぐ形態まで様々である．最小の接続形態としては 2 台の計算機をシリ

LAN：Local Area Network

アル通信によって実現する方法などもありうるが，多くの情報システムでは複数の計算機資源を**LAN**などを利用して接続する形態をとる．LANを構築する際の計算機の接続形態は**トポロジー**と呼ばれ図3.5に示すように，3つの代表的な方式が利用される．

① スター型

図3.6（a）に示すように，ハブを中心として複数の計算機を接続する．個別の計算機が故障した場合には，その計算機に接続されたケーブルを抜くことで切り離すことができる．一方で，中心になっているハブが故障した場合にはシステム全体が影響を受ける．

② バス型

図3.6（b）に示すように，1本の伝送ケーブルに各計算機を接続する．この方式では計算機間のデータ転送がこの伝送ケーブルを共用する形となるため，通信量が多いシステムの場合にシステム全体としてのレスポンスが落ちるといった性能面の弱点がある．

③ リング型

図3.6（c）に示すように，リング状に計算機を接続する．実際のシステムでは直接，計算機同士をつなぐケースは少なく，ハブを介

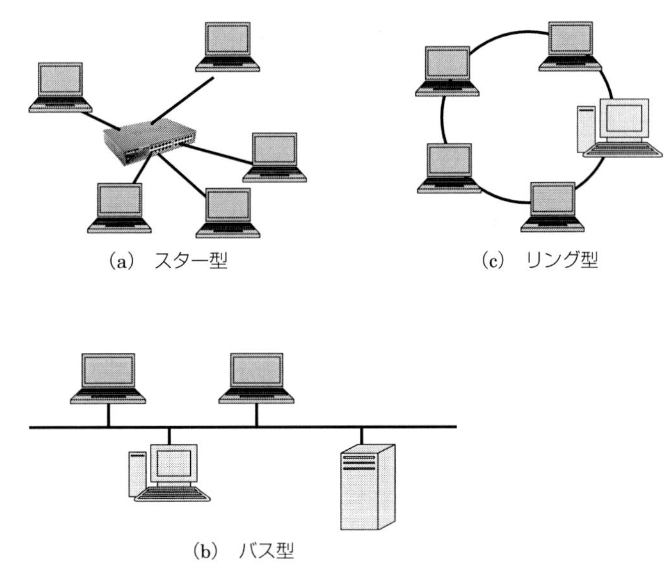

図3.6　ネットワークの基本形

して接続する場合が多い．なお，リング型トポロジーは，ネットワークの一部が断線などをした場合に，リングにつながるすべての機器間でのデータ通信に支障が出るために，現在では，一部の特殊なシステムに限って利用される．

情報システム開発では，システムで実現する機能やサービス，システムアーキテクチャを踏まえて，上記のトポロジーを考慮して計算機間をLANでどのように接続していくかを決める．

また，計算機資源同士を接続する場合，接続される計算機資源間で接続についての手順やデータ形式などのルールを予め定めておかないと，接続された計算機同士で正しくデータの受け渡しができない．このため計算機間のLAN接続については通信のルールとして通信規格が定められている．この通信規格としては，

① 接続の物理的な取り決めとして**イーサネット**

② 通信内容に関する取り決めとして**TCP/IP**

がそれぞれ標準的に利用される．

IEEE：米国電気電子技術者協会

CSMA/CD：Carrier Sense Multiple Access/Collision Detection

イーサネットはIEEEによって標準化された方式で，CSMA/CDという考え方を採用している．CSMA/CD方式では通信路上の信号を監視し，送信が行われていない場合に限ってデータの送信を行うことを基本としている．

イーサネットには前述のバス型やスター型などのトポロジーに対応して複数の規格が定められており，表3.4に示すようにそれぞれの規格によって伝送速度や伝送距離が異なっている．したがって，システム構成の検討では，計算機間の接続方式や物理的距離，計算機相互でやり取りする通信量や速度なども考慮しなければならない．なお，通信量はソフトウェアの入出力としてのデータやファイルに大きく依存するとともに，通信速度はソフトウェアによるデータ処理のタイミングやレスポンスタイム，ターンアラウンドタイムなどにも影響を及ぼす．このように通信方式はソフトウェアの**非機能要求**（4.2節参照）の実現に深い関わりをもっている．

2. 通信プロトコル

物理的に接続された計算機間で，どのような手順でどのようにして情報のやり取りをするかを定めたルールを**通信プロトコル**と呼

表 3.4　イーサネットの主な規格

規格名	最大速度	最大長	ケーブル	メディア	標準化規格
10BASE-T	10 Mbps	100 m	CAT3，CAT5	2 対 4 線	IEEE 802.3i
100BASE-T2	100 Mbps	100 m	CAT3，CAT5	2 対 4 線	IEEE 802.3u
100BASE-T4	100 Mbps	100 m	CAT3，CAT5	4 対 8 線	IEEE 802.3u
100BASE-TX	100 Mbps	100 m	CAT5/5E	4 対 8 線	IEEE 802.3u
100BASE-FX	100 Mbps	20 km，2 km	SMF，MMF	長波長光 短波長光	IEEE 802.3u
1000BASE-T	1 Gbps	100 m	CAT5E/6	4 対 8 線	IEEE 802.3ab
1000BASE-TX	1 Gbps	100 m	CAT6	4 対 8 線	EIA/TIA-854
1000BASE-SX	1 Gbps	550 m	MMF	短波長光	IEEE 802.3z
1000BASE-LX	1 Gbps	5 km，550 m	SMF，MMF	長波長光 短波長光	IEEE 802.3z
10GBASE-T	10 Gbps	100 m	CAT6/6A	4 対 8 線	IEEE 802.3an-2006
100GBASE-SR10	100 Gbps	100 m	MMF	短波長光	IEEE 802.3ba
100GBASE-LR4	100 Gbps	2 km	SMF	長波長光	IEEE 802.3ba

・100BASE-T は 100BASE-T2，100BASE-T4，100BASE-TX の総称である．日本では 100BASE-T2，100BASE-T4 はあまり普及していない．
・100BASE-TX は 10BASE-T と互換性がある．
・SMF，MMF は光ファイバケーブルで，それぞれシングルモード光ファイバ，マルチモード光ファイバを表す．SMF の波長は 1 300 nm（長波長光），MMF の波長は 850 nm（短波長光）である．
・100BASE-FX では SMF を使用する場合の最大長は 20 km，MMF では 2 km（全二重）である．
・1000BASE-LX では SMF を使用する場合の最大長は 5 km，MMF では 550 m である．
・1000BASE-TX は 1000BASE-T とはまったく別のもの．安価だがそれほど普及はしていない．

OSI：Open Systems Interconnection

TCP/IP：Transmission Control Protocol Internet Protocol

ぶ．通信プロトコルの基本概念は図 3.7 に示す OSI 基本参照モデルで定義される．この図に示すように円滑な通信を実現するためには，一般的には最下層の物理層から最上位のアプリケーション層まで 7 つのレイヤが必要となる．情報システムで利用されるネットワーク接続においては TCP/IP というプロトコルが利用される．概念的には TCP/IP は図 3.7 に示すように OSI 参照モデルに対応付けることができる．TCP/IP は計算機同士でやり取りする情報をパケットと呼ばれる細切れの情報に分割して通信路に流す方式である．また，LAN を利用して複数の計算機が接続される場合，どの計算機からどの計算機にあてた情報であるかを適切に判別して確実に必要な相手計算機に渡さなければならない．このため上記のパケット

OSI参照モデル

第7層(レイヤ7)	アプリケーション層	7	ユーザから見えるアプリケーションの規定
第6層(レイヤ6)	プレゼンテーション層	6	情報通信のフォーマットのコードの規定
第5層(レイヤ5)	セッション層	5	両端のアプリケーションが有意の対話型通信を行うための規定
第4層(レイヤ4)	トランスポート層	4	システム間の論理的なデータ転送の規定
第3層(レイヤ3)	ネットワーク層	3	ネットワークを介しての通信経路の規定
第2層(レイヤ2)	データリンク層	2	物理的に隣り合ったシステム間の論理的信号手順の規定
第1層(レイヤ1)	物理層	1	物理的・電気的インターフェースの規定

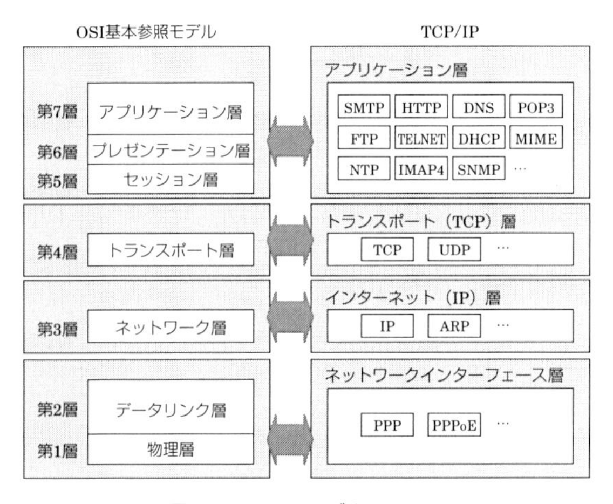

図 3.7 OSI モデル

内には送信元の IP アドレス，宛先の IP アドレス，ポート番号などが付記されている．なお，IP アドレスとはネットワーク内の機器を一意に識別するために機器ごとに割り振られた ID 番号である．

実際に複数の計算機や周辺機器を接続した情報システムを開発する場合，各計算機資源間をイーサネット，TCP/IP を利用して接続する．この際，上記のプロトコルに従い適切な計算機ノードに必要なデータを的確に渡すための仕組みとして，スイッチングハブやルータを中継させる．スイッチングハブはOSI参照モデルの第2層に対応して，送られてきたパケット内の宛先アドレスを識別して，必要な計算機が繋がっているポートにだけ情報を送り出す．一方，ルータはOSI参照モデルの第3層（ネットワーク層）に対応して，異なるネットワーク（LAN）間の中継を担い，IPアドレスに応じて最適な経路を選定してパケットを転送する役割をもっている．

3. 無線による接続

近年，無線通信の規格が整備され，それに伴い，高速大容量の無線通信が広く利用されるようになった．情報システムを構築する場合にも，システムを構成する計算機資源間を無線によって接続する方式も増えてきている．無線通信による計算機資源間の接続では，WiFi Allianceにより規格化された**WiFi**や，3G，4G，LTEなどの電話回線を利用する場合もある．システム構成の一部に無線による接続を用いる場合，特に通信のトラフィック量や頻度を考慮する．また接続の安定性やセキュリティ面からも十分な検討が必要である．このためシステムに実装されるソフトウェアについてもこれらの面を考慮してエラー処理やリカバリなどの機能をもたせる必要がある．

WiFi：Wireless Fidelity

LTE：Long Term Evolution

3.4 ソフトウェアの構成

1. ソフトウェアの構造

情報システムの中で動作するソフトウェアは図3.8に示すように3層から構成される構造をもつのが一般的である．この構造の中でも最も最下層に位置しソフトウェアのベースとなるものが**オペレーティングシステム（OS）**である．OSはソフトウェアが動作する計算機ハードウェアを動作制御するためのソフトウェアである．また，3層構造の最上位には**アプリケーションソフトウェア**が位置する．アプリケーションソフトウェアはシステムとしての機能やサービスを実現するためのソフトウェアであり，OSが提供する様々な機能を活用しながら動作する．

OS：Operating System

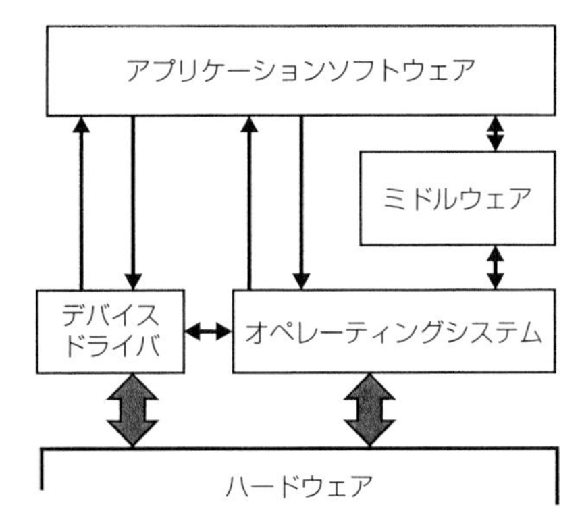

図 3.8　ソフトウェアの構造

MW：Middleware

また，OS とアプリケーションソフトウェアの中間には，**ミドルウェア（MW）**が配置される．ミドルウェアは個々のアプリケーションソフトウェアで共通に使われるより汎用的な機能・サービスを提供するソフトウェアである．計算機資源同士を接続する際の通信プロトコルや，大量のデータなどを管理するデータベースなどはいずれもミドルウェアとして必要に応じてシステムに搭載される．

さらにシステム内でプリンタなどの機器を接続利用する場合には，それらのデバイスを制御し動作させるための専用のソフトウェアである**デバイスドライバ**も搭載しなければならない．

2. オペレーティングシステム

オペレーティングシステムは計算機のハードウェアの動作を制御し計算機としての基本動作を実現するためのソフトウェアである．OS は図 3.9 に示すように制御プログラム（カーネル），サービスプログラム（ユーティリティ）で構成される．

この中でも，特にカーネル部では，

- 計算機で処理すべきジョブおよびタスクの実行順の管理や実行の制御
- メモリ領域の割当てや管理
- GUI 機能を実現し，システムの使い勝手を向上

GUI：Graphical User Interface

などシステム実現上で欠くことのできない重要な役割を担っている．

また，ユーティリティとしては，システムの状況表示やファイル

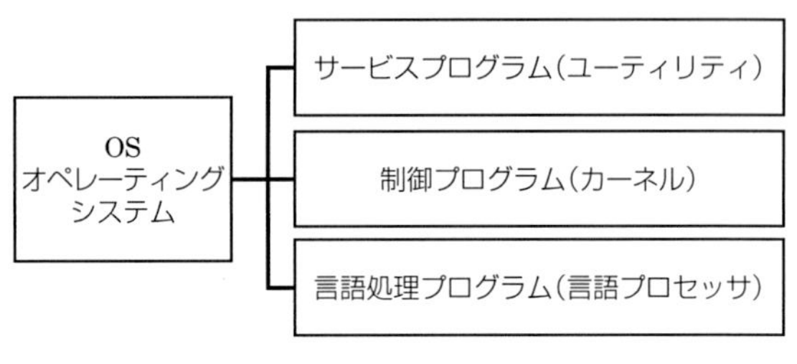

図 3.9　OS の構成

内容の表示などの機能を提供するものが一般的である．なお，図3.9中にある言語処理プログラムについては，近年のOSでは内装していないものが多い．多くの場合，情報システム開発で利用されるプログラミング言語に対応する形で，統合開発環境（IDE）が提供されており，それらを利用する場合が多い．

IDE : Integrated Development Environment

ソフトウェアシステムの構築の観点からは，まず，システムとしてどのようなOSを採用するかを決定しなければならない．OSの選定では，システムを構成するハードウェアとの相性なども考慮の対象となる．また，OSは計算機のハードディスクなどに書き込まれて動作するが，動作時には計算機上のメモリも同時に利用する．このため計算機のハードディスクのサイズと搭載するOSのサイズや，動作時に必要とするメモリサイズの考慮が必要である．特にシステムの安定した運用を実現するためには，ROM/RAM領域の切り分けやコンフィグレーション設定なども配慮しなければならない．

ROM : Read Only Memory
RAM : Random Access Memory

また，一般的なサーバにはUNIXやLinuxなどのOSが利用され，クライアントにはWindowsを始めとしたGUI機能が充実したOSが利用されるなど，それぞれの計算機の役割によっても使い分ける場合が多い．また，OS上で動作するアプリケーションソフトウェアがOSが提供するサービス機能やシステムコールなどを利用している場合，OSが異なると動作しなくなるといった事象が発生する場合もある．このため，アプリケーションソフトウェアの設計段階からOSを意識しておかなければならない．

3. ミドルウェアとセキュリティ

ミドルウェアは様々なアプリケーションを動作させる際に共通的

に利用される機能を独立したソフトウェアとしてまとめたものである．代表的なものとしてはデータベース管理，通信管理，運用管理などの機能を提供するものがある．また，暗号化処理やパスワード管理などセキュリティ機能についてもミドルウェアとして提供されるものがあり，広く利用されている．

ソフトウェアシステムとしてどのようなミドルウェアを搭載し利用するかについても，システムが提供する機能やそこで扱うデータに応じて選定しなければならない．

とくに**セキュリティ**関連については，ネットワークを前提とした情報システムの場合には必要不可欠な要素である．一方で，セキュリティ技術は極めて専門的な知識が求められる領域であることから，セキュリティ・ミドルウェアを活用することは有効である．

システム上のどのソフトウェアでどのようにこれらのミドルウェアを取り込んで利用するかは，各ソフトウェアやシステム全体の設計時に考慮しておかなければならない．

演習問題

問 1　第 1 章で紹介した歯科医院向け診療支援システムは，2 階層のクライアントサーバ方式を採用している．地域の基幹病院内の歯科向けにこのシステムを改良する場合，どのようなシステム形態にすべきかを検討しなさい．

問 2　上記において，システムへのクラウドサービスを導入する場合の長所，短所および注意すべき事項を検討しなさい．

第4章 要求の獲得・分析と要件定義

ソフトウェアシステムの開発は顧客要求の分析と開発要件の定義から始まる．顧客が望むシステムを確実に実現するうえで，要求分析は極めて重要な作業の一つである．第４章では要求分析の役割や位置づけ，そして具体的にどのような手順・方法で，システムに対する顧客からの要求を開発要件として定めていくかを説明する．

4.1　ソフトウェアシステムにおける要求

1．要求の重要さ

ソフトウェアシステムの開発では「どのような点をシステムを用いて解決したいのか」という顧客からの要望がすべての出発点となる．ソフトウェアシステム開発ではこうした開発の原点となる顧客からの要望を「**要求**」と呼ぶ．情報システムは顧客の企業活動や人々の社会生活の中で利用されるという性質をもっており，その中でシステムにどのような役割を期待しているかは顧客が最もよく知っている．このためシステム開発者は顧客の要求を正しく理解し，その要求をどのようにしてソフトウェアシステムとして実現していくかを考えなければならない．システム開発者による顧客要求の理解が不十分だったり，あるいはシステムを開発するにあたり顧客から必要十分な要求情報を引き出せない場合，結果的に顧客の要求を満たさないシステムを開発したり，あるいは機能的に不備のあるシステムを開発してしまうことにつながる．

2. 要求分析の役割

システム開発における要求は原則として顧客が提示するものである．しかし「どのようなシステムにしたいか」という問いを 10 人の顧客に訊ねた場合，おそらく 10 通りに近い多様な要求が提示されるであろうことは想像に難くない．さらにそうした要求の中には，曖昧で十分に吟味されていない要求や相矛盾する要求など，雑多なものが含まれる．このため，顧客から提示された要求はシステム開発者が分析と吟味を繰り返し，真に必要あるいは重要と合意できる要求として整理していくことが求められる．このようにして確認・整理した要求を**要件**と呼ぶ．

要件：
Requirements

一方でシステム開発に際して多くのステークホルダが関係していたり，商用システムなどで類似のシステムを開発する企業がいる場合，あるいは未経験や新規の技術などをシステムで利用する場合，システムの開発要件が決めきれないといったケースが出てくる．システムの開発要件やシステムの仕様を開発の初期で確実に決めておくことは安定したシステム開発において必須要件であるが，実際の開発においてはこのように要件が部分的に不明瞭な状況となることも考慮に入れておかなければならない．このような状況が想定される場合，どの部分までの要件や仕様が確定しているか，どの部分はその後の検討や状況判断の中でいつ頃確定できるかを明らかにしておくことが重要である．また，このように要件や仕様の一部が決めきれない場合には，将来，顧客側の都合によってシステムに対する要求が変化し，開発途中でシステムの要件や仕様に変更が生ずる可能性もある．このため変更可能性も考慮して仕様に柔軟性をもたせておくといった工夫も必要となる．

4.2 要求の種類

1. 機能要求と非機能要求

システムとして実現する処理や機能，サービスに関わるユーザの要求を**機能要求**と呼ぶ．機能要求は，「どのようなデータをどのように加工処理してどのような形で見ることができるようにしたい」といったものなど，ユーザがシステムで実現したい事項が中心となる．

一方で実際に計算機とネットワークをつなげてソフトウェアシステムを開発する場合には，システムに対する機能要求だけでは開発はできない．例えば，「データを加工処理する」といってもどれだけの量のデータをどれだけの時間をかけて処理するのかとった性能的な側面や，「データを見ることができるようにする」といった場合に，データをどのような表現やレイアウトにすればよりわかりやすいのかなどの使い勝手の側面なども決めていかなければならない．このようにシステム開発においてシステムに求められる機能要求以外で，予め考えておかなければならない要求を**非機能要求**という．

2. 非機能要求

非機能要求はシステムに対する機能的な要求を除く様々な要求が含まれる．具体的には表4.1に示すように，システムの処理性能や信頼性・安全性，使い勝手やセキュリティなどが代表的なものである．またシステムを開発する側の視点として，システムの不具合などが発生した際や機能改良などをする際の改良のしやすさ（保守のしやすさ），あるいはOSやハードウェア環境，動作環境が変わった場合のシステムの変更や移植のしやすさなども考慮する必要がある．さらに，システムに関連する法令や文化的な背景や制約なども考慮しなければならない．これらの非機能要求は，基本的にソフトウェアシステムのアーキテクチャに関係する場合が多い．通常，システムの要求を考える場合，非機能に関する要求は顧客側でも十分に考えがまとまっていなかったり，考慮されていない場合が多い．

表 4.1　要求分析の手順

Look and Feel Requirements	外観および操作感
Usability Requirements	使い勝手
Performance Requirements	性能
Operational Requirements	操作・運用面
Maintainability and Portability Requirements	保守性および移植性
Security Requirements	セキュリティ
Cultual and Political Requirements	文化および政治的側面
Legal Requirements	法的側面

Mastering the Requirements Process: Getting Requirements Right（3rd Edition）より抜粋

また多くの場合，非機能要求は機能要求とは異なった視点からシステムを分析し導出されるが，それらを実現する場合にはシステム機能あるいは構造上の仕組みの一部として実現する必要が出てくるものも少なくない．

このため，非機能要求はシステムアーキテクチャを検討する中で，より具体性をもって議論され明確になっていくという性質を有している．

3．品質要求

ビジネスとして開発され利用されるソフトウェアシステムは誤りなく動作することを基本として，製品としての品質が備わっていなければならない．ソフトウェアの品質としては，バグの有無などに関心が集まるが，それ以外にも使い勝手を始めとして，様々な観点からの品質が備わっていることが期待される．

具体的には，以下に示す，**機能性**，**効率性**，**信頼性**，**保守性**，**移植性**，**使用性**の６つの側面は，ソフトウェア製品の品質を考える上でも極めて重要な視点である．また，これらの視点は，ISO25000シリーズ（SQuaRE）として，ソフトウェア製品の品質の概念を整理した国際規格の中でも言及されている（表 4.2）．なお，この規格でいうところのソフトウェア製品とは，単にソフトウェアやプログラム単体を指し示すものではなく，それらを利用した製品，すなわち，ソフトウェアシステムを指している．

SQuaRE：Software engineering –Software product Quality Requirements and Evaluation

表 4.2 ISO/IEC 25000 品質特性モデル

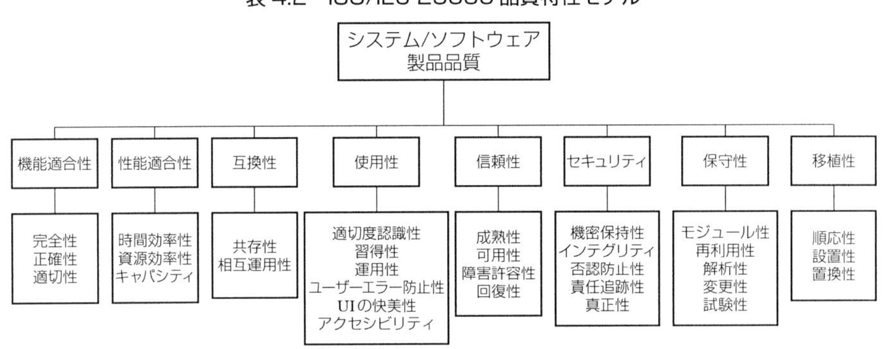

機能性：システムが提供する機能の十分性や妥当性に関する観点である．例えば，病院の医療費計算のシステムなどでは，年度ごとに改定される医療診療報酬ルールに合致していることなども求められる．このように機能性は単に機能のあるなしだけではなく，標準や法令に合致しているかなど，いつくかの観点が含まれている．

信頼性：システムが誤りなく動作するかどうかに関する観点である．単に不具合のあるなしだけではなく，システムが故障した状況からの回復のしやすさなども考慮しなければならない．

効率性：計算機システムで利用する計算機資源を物理的，論理的にうまく使いこなせているかを評価する視点である．メモリなどを適切に利用しているかや，処理の時間効率なども考慮する．

使用性：いわゆる使い勝手に関する観点である．システムが操作しやすいかだけではなく，例えば，マニュアルがわかりやすいかや，システムによって得られた出力結果が利用しやすいかなども含まれる．

保守性：システム運用後に，システム機能の改良をしたりあるいは，障害発生時にシステムの修正変更をしたりしやすいかを評価する観点である．これらのシステムの保守時には，既存システムがどのようになっているかを理解する必要もあり，その理解のしやすさなども含まれる．

移植性：開発したシステムを別の動作環境に移行させたり，他のハードウェアに移植する際に，移植しやすいかどうかを評価する．単にプログラムの移植にとどまらず，システムが利用するデータの移行作業の容易さなども含まれる．

一般的にソフトウェアシステムを開発する場合，顧客の大多数はシステムとしてどのような機能や性能が必要かという観点で要望を開発者に伝える場合が多い．その一方で品質要求の多くは前述の非機能要求と重なる部分も多い．開発者はこうした機能や非機能面での要求に加え，顧客がシステムにどのような品質を期待しているかについて，品質という切り口からも確認しておかなければならない．

4. 安全性に関する要求

システムの中には誤った動作や挙動によって，利用者やシステム周辺にいる人々に害を及ぼすものもある．この点において，どのようなシステムであっても，その実動作時に人々あるいは周辺の環境などに害を及ぼすことがないように，その**安全性**の実現も含めて開発を行わなければならない．このようなシステムの安全性に関係する要求を**システム安全要求**と呼ぶ．システムの安全性についての基本は，

① システムが安全を損ねることのないようにする．このためにシステムの誤動作などが起きないようにする

② システムが誤動作などによって安全を損ねる状況に陥ったとしても，何らかの防御機能によって安全な状態が保たれるようにする

という２つの考え方を中心とする．前者は開発の中で主にレビューやテストなどによって，システムに内在する誤りを防ぐ方式がとられる．一方，後者はシステムが提供する機能やサービスは活かした状態で，システムの安全防護機能を動作させて安全性を担保するという「**機能安全**」という考え方に依拠している．機能安全については **ISO/IEC61508**（Functional Safety of Electrical/Electronic/Programmable Electronic Safety-related Systems（E/E/PE, or E/E/PES）規格によって考え方が規定され，様々な産業分野のシステム開発で利用されている．

5. セキュリティ要求

一方で近年の情報システムはネットワーク接続が当たり前となっているため，システムのセキュリティ面についても開発初期段階で十分に検討しておくことが必須である．特にセキュリティについては，情報システム内で保持している情報資産の機密性を維持し，またシステム外部からの不正侵入などへの防御を固めるなど，セキュリティの専門家も交えてセキュリティ面の要求を検討することが必要である．

4.3　要求分析の手順

顧客からシステムに期待する事項を聞きだし，それを基にシステム開発の出発点となるシステム要件として取りまとめるために，①顧客要求の獲得，②顧客要求の分析，③システム開発に関わる要件の文書化という3つの手順で整理していく（図4.1）

1. 顧客要求の獲得

システム開発者はシステムのユーザあるいはエンドユーザがどのようなビジネスの中で，どのような課題をもっており，それを情報システムによってどのように解決したいと考えているかを聞き出さなければならない．

この作業を要求獲得と呼ぶ．要求獲得の段階では，上記のような顧客のシステムへの期待とともに，具体的にシステムに求めている機能，性能を始めとする非機能的な側面，システムの品質面に対する考え方なども聞き出す必要がある．

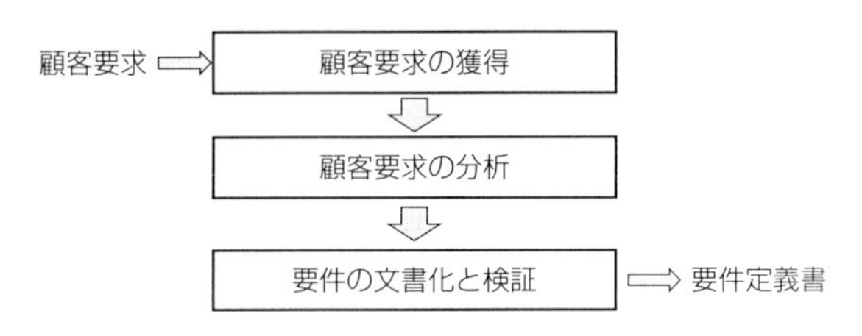

図4.1　要件定義の手順

2. 顧客要求の分析

顧客から獲得した顧客要求はその粒度や視点・観点などがバラバラで，多様な要求が含まれる場合がほとんどである．また，一般的にシステムの要求については，顧客と開発者の間で，背景となる知識や常識，用語などが異なり，相互の理解が円滑に進まない場合も少なくない．このためシステム開発者は，そうした顧客からの原要求について，これらの点も考慮したうえで，要求事項の正誤も含め分析を行わなければならない．顧客要求の中には誤りとはいえないものの，相反する要求や現在の技術では実現困難な要求，システムの開発コストからは見合わない要求なども含まれる．このため，開発者の目で与えられた要求を咀嚼し，要求の粒度や観点を整理し吟味することが求められる．

具体的には，

・ユーザから獲得した要求にかかわる情報を整理し
・類似，関連する要求や矛盾する要求を洗い出し
・それぞれの要求項目について優先度付けや必要に応じて取捨選択を行う

という一連の作業を行い，最終的にシステムとして実現する要求をシステム要件として確定する．

3. 要件の文書化と検証

システム開発における要求は開発の出発点であり，原点となる．このため，開発者の目で再整理した開発要件は，**要件定義書**として文書化し，再度，顧客の意図に合致しているかどうかの確認を取らなければならない．このため要件定義書は顧客，開発者の双方が理解できる形で表現する必要がある．

一方で要件定義書は開発者と顧客とのシステム開発に関する合意文書（契約文書）という意味合いをもっており，システム開発の過程では常に参照可能な形で保持しておく．

なお，要件定義書については，一般的に要求仕様書と呼ぶ場合もある．本書では，顧客がそのニーズに基づいて提示するシステムに関する要望などを要求，それらを開発側で分析整理したものを要件として，用語を使い分けている．このような立場に立つと，システ

ム開発について顧客が開発者に対して，その要望を整理して提示したものは要求仕様書であり，それらを開発者側の目で整理検討して提示するものが要件定義書という位置づけとなる．

なお，要求の獲得や分析のための方法は，ソフトウェア工学の研究者などにより，様々な考え方や方法が提案されている．しかし，それらにはいずれも長所短所があり，研究途上のものも少なくない．次節では，実際の開発シーンで比較的，広く利用されている一般的な方法を中心に紹介する．

4.4　要求獲得の方法

1．獲得すべき情報

要求獲得では以下に示すような情報を顧客から引き出し，分析・整理する．

・顧客が解決を望んでいる課題や問題，およびそれらに関連する情報
・実現するシステムに関するステークホルダと業務に関係する組織構成
・個別の業務内容とシステム化の範囲
・システムの運用環境や運用条件

2．要求獲得方法の種類

顧客から要求獲得を行う場合，対象となる顧客が予め特定できる場合と，そうでない場合で利用する方法は異なる．対象顧客が予め特定できる場合には，その顧客に直接，システムに関する要求を確認するのが基本となる．この場合には，表4.3に示すように顧客へのインタビューや要求ワークショップなどの方法で行われる．一方，対象顧客が予め特定できない場合には，システム開発者側で顧客層を想定し，想定された利用者に近い人たちに**インタビュー**や**ヒアリング**を行うなどの方法をとる．また，多様なユーザによる利用が見込まれるシステムでは，**アンケート**などにより，様々な意見を拾いあげる場合もある．

(a) インタビューによる要求獲得

顧客や想定顧客層に対して，どのようなシステムを求めるかについて意見を求めるインタビューは要求獲得法の中でも最も多く利用される方法の一つである．インタビューを行う際には，システムについて出来るだけ具体的な要望を聞き出すように，予めインタビューで確認すべき事項をトピックシートなどの形で整理しておく．また，インタビューで顧客の意見を聞く際には，システムに対して一部の偏った意見や期待にならないように，インタビュー対象者を精査する必要がある．特に会議形式で複数人に対してインタビューを行う場合，発言者の立場や役割を考慮しておかなければならない．

(b) 要求ワークショップ

要求獲得・分析を行う場合，システムに関わる人々の立場によって多様な要求があげられる場合があり，それらの人々の合意をとることは極めて重要である．要求ワークショップでは，システム開発に関係するステークホルダを選定し，会議形式で進行役（ファシリテータ）をおいて，それぞれの立場からシステムに対する要求事項を紹介議論し，システムの開発要件として合意形成を行う．

3. 要求獲得で利用する技法

要求獲得を行う場合，①ユーザ像を想定して要求を考えるペルソナ法，②複数人で意見を出し合いながら要求を考えてまとめていくKJ 法，③システムで起こり得る好ましくない事象を起点に考えるFTA などの方法が利用される．

KJ 法：川喜田二郎氏により提案された発想支援法

FTA：Fault Tree Analysis

(a) ペルソナ法

システムの利用者が特定できないシステムの場合，システム開発

表 4.3　要求獲得の方法

インタビュー	・顧客あるいは想定顧客層を対象にどのようなシステムが必要かについて意見聴取する ・できるだけ具体的な要望を聞き出す	・インタビュー対象の選定に注意が必要
要求 ワークショップ	・システムに関係するステークホルダを集めて意見の聴取や調整を行う ・進行役（ファシリテータ）など会議メンバの役割を明確にしておく	・システム関係者間で仕様について合意を得ることが重要

者側で利用者をある程度，想定して顧客要求を検討する必要がある．この場合に利用される考え方の一つがペルソナ法である．ペルソナ法ではシステムを利用しそうなユーザを考え，その代表的なユーザ像（ペルソナ）を明確にして，そのユーザがどのようなコンテキスト（状況）の中でシステムとどのような関わり方をするかやどのような使い方をするかといった点をシナリオとして検討していく方法である．システムとペルソナの間のやり取りを詳細に検討するために，ペルソナの設定は，実際のユーザの性別や年齢，システム利用の状況まで具体性を持たせて設定する．

（b）KJ 法

KJ 法とは複数人でシステムに関する要求事項などを出し合いながら，関係する要求事項をまとめていく方法である．

図 4.2 に示すように，開発しようとしているシステムに求められる要求事項を 1 件 1 枚の付箋に書きつけ，考えついたものすべてを書き出す．複数人で仕様検討をする場合，このように書き出された付箋は相当数の枚数になるが，それらを模造紙などに張り付け，内容を確認して類似の要求事項はまとめる形（グループ化）で位置を移動していく．また，その過程の中で，どのように考えても不適切

Step-1：
要求項目を付箋（カード）に書き出す

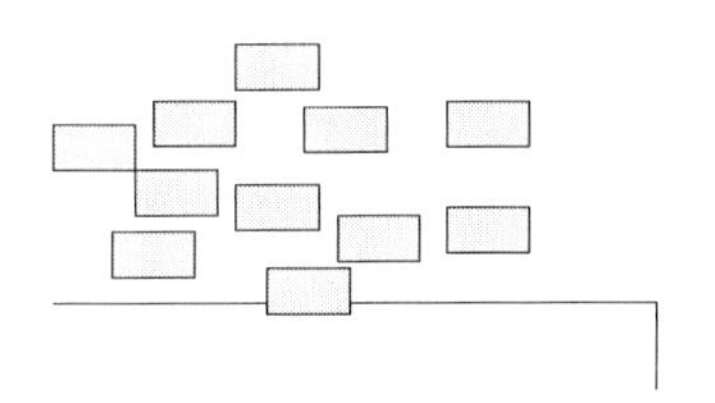

Step-3：
小グループ同士を見比べてさらに大きなグループに整理する

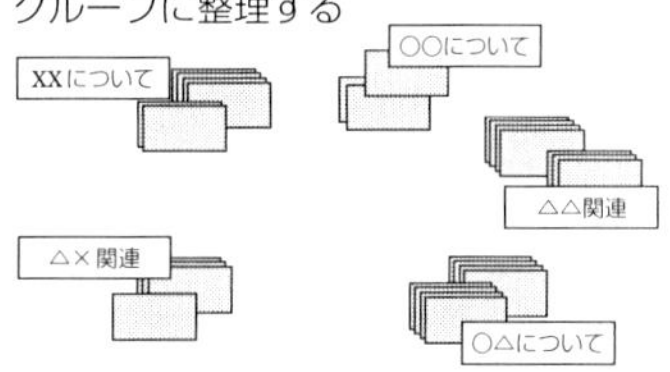

Step-2：
類似した要求項目をグループにまとめる

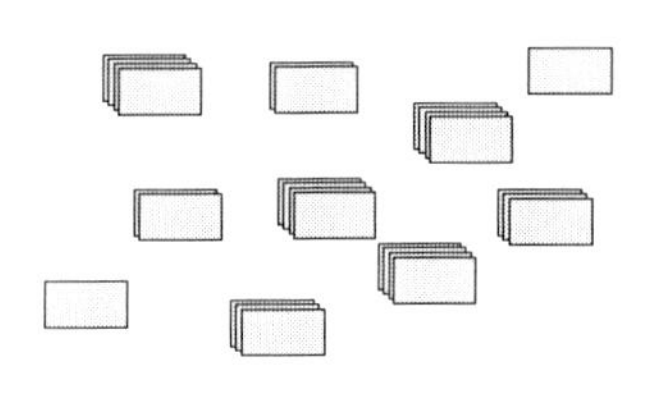

Step-4：
グループに整理した要求項目間の関係を検討する

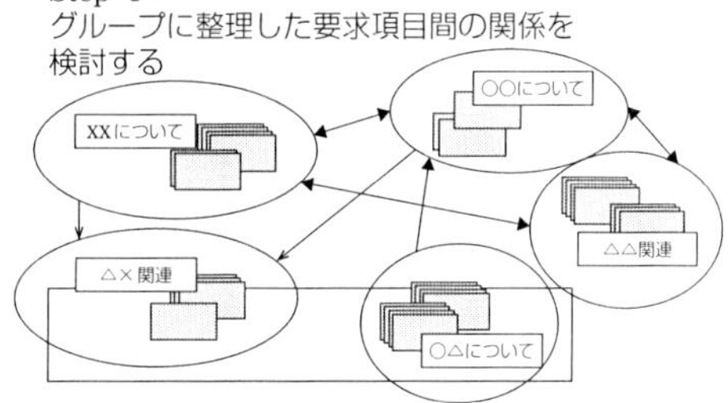

図 4.2　KJ 法

な要求事項や矛盾がある要求事項，実現が不可能な要求事項は除外し，グループ化され残った仕様を最終的な要求事項として考えていく．

KJ法はシステムの要求仕様検討の場合だけでなく，製品のアイデアだしを始めとして，複数人により意見を出し合って意思決定する場合に，意見集約をする代表的な方法の一つとして様々な局面で利用される．

(c) FTA

通常，システムに対する要求を考える場合，システムで実現すべき機能や提供するサービスが要求事項の中心的な部分となる．しかしながら，実際のシステムでは，ある事象をきっかけとしてシステムが誤動作する場合などもあり，そのようなめったに起こり得ない状況でのシステム挙動（**非正常系動作**）についてもシステム要求の一部として検討しておくことが求められる．このような非正常系動作に関する要求を考える方法の一つとしてFTAが利用される．

FTAは図4.3に示すように，システムにとって最も起きてほしくない事象をツリーのルートノードに取り，それがどのような場合，状況で起こりうるかをツリーを展開しながら検討していく方法である．ツリーの展開時には論理ゲート（and，or）などを用いて，

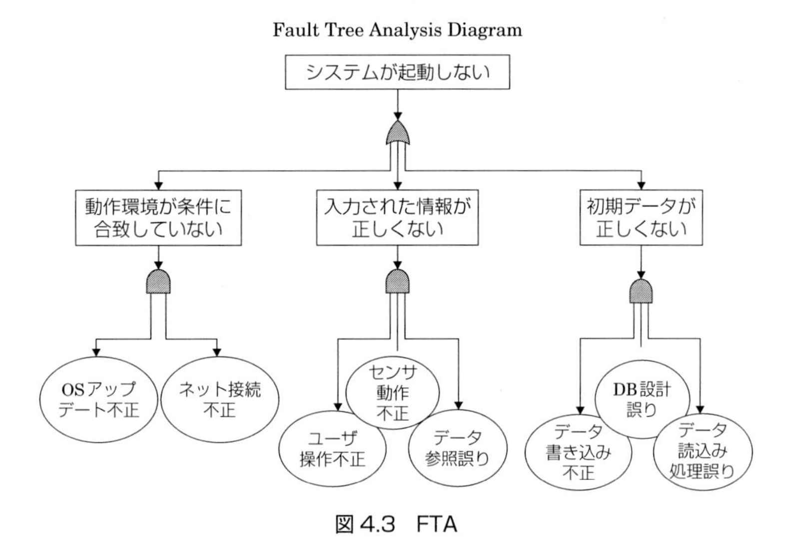

図4.3　FTA

事象の発生条件を明確にする．また各事象の発生確率なども付記するなどして，システムにとっての望ましくない事象がどの程度の確率で発生するかを明示する場合もある．このFTAで分析された個々の事象を参考にシステムの非正常系の仕様を検討整理することができる．

4.5 要求の分析

1. 要求の取捨選択と優先度付け

顧客のインタビューやディスカッションによって得られた顧客要求には，多種多様なものが含まれる．これらの要求の中には相矛盾する要求や技術的に実現困難な要求も含まれる場合がある．また，こうした要求の矛盾が含まれない場合であっても，顧客要求をすべて考慮するとシステムとしての機能が多岐にわたり複雑なものとなってしまう場合が多い．このため，顧客要求はシステム開発者の視点から分析し，優先度付けや取捨選択を行い，システム要件としてまとめる．要求を取捨選択するための代表的な方法としては，AHP，品質機能展開などが利用される．

AHP：Analytic Hierarchy Process

(a) AHP

AHPは選択肢が複数あり，かつ選択に関わる判断基準が複数ある場合に，最適な案を選定するための意思決定方法である．図4.4に示すように，全体は3つのステップに分かれている．

第1ステップでは，複数の判断基準について，それらの重要度を決定する．例えば，大学の成績処理システムを考えてみると，このシステムの機能を考える上での判断基準は「使い勝手の良さ」「処理速度」「実現コスト」の3つを考えることができる．ここではこれらの3つの判断基準を一組ずつ比較し，最終的にそれぞれの判断基準の重要度（重み）を決定する．

第2ステップでは，各判断基準別に，候補となっている案についても一組ずつ比較する．例えば上記の例では，システム実現系として「集中型システム」「クライアントサーバ型システム」「クラウド型システム」という3つの案について，ステップ1で示した3つの

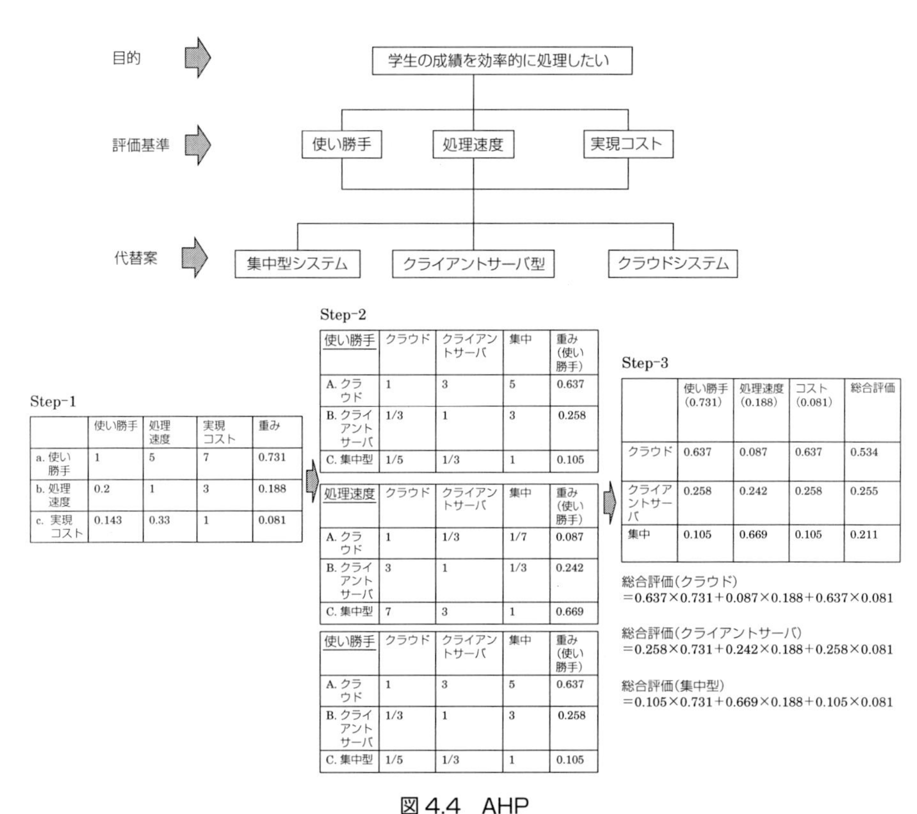

Step-1

	使い勝手	処理速度	実現コスト	重み
a. 使い勝手	1	5	7	0.731
b. 処理速度	0.2	1	3	0.188
c. 実現コスト	0.143	0.33	1	0.081

Step-2

使い勝手	クラウド	クライアントサーバ	集中	重み(使い勝手)
A. クラウド	1	3	5	0.637
B. クライアントサーバ	1/3	1	3	0.258
C. 集中型	1/5	1/3	1	0.105

処理速度	クラウド	クライアントサーバ	集中	重み(使い勝手)
A. クラウド	1	1/3	1/7	0.087
B. クライアントサーバ	3	1	1/3	0.242
C. 集中型	7	3	1	0.669

使い勝手	クラウド	クライアントサーバ	集中	重み(使い勝手)
A. クラウド	1	3	5	0.637
B. クライアントサーバ	1/3	1	3	0.258
C. 集中型	1/5	1/3	1	0.105

Step-3

	使い勝手(0.731)	処理速度(0.188)	コスト(0.081)	総合評価
クラウド	0.637	0.087	0.637	0.534
クライアントサーバ	0.258	0.242	0.258	0.255
集中	0.105	0.669	0.105	0.211

図 4.4　AHP

判断基準別に順番に点数をつけていく．

第3ステップでは，判断基準の重みと各候補の比較結果を掛け合わせて，最終的にどの案が最適であるかを決定する．この例の場合，「クラウド型」でシステム構築する案が最良の案となることがわかる．

(b) 品質機能展開

品質機能展開は顧客による要求をもとに図4.5に示すような要求品質展開表を作成する．通常，顧客の要求は非常に抽象的な場合が多く，要求品質展開表ではこのような抽象度の高い要求事項を具体的な要求項目にブレークダウンし明確に定義していく．例えば，図4.5の例では「成績処理を効率化したい」という抽象的な要求をブ

品質特性管理表

要求品質管理表

			一次	能力的要素			
			二次	画面表示		速度	検索速度
			三次	表示アイテム数	1アイテム当たりの文字数	結果表示速度	検索速度
一次	二次	三次					
成績処理を効率化したい	成績データの入力効率化						
	入力データの確認の効率化	成績データの一覧確認		○	○	○	
		成績データの検索確認					○
		成績優秀上位者データの確認		○	○	○	△
	成績判定結果の確定作業の効率化						

図 4.5　品質機能展開

レークダウンして，「成績データの入力の効率化」「入力データの確認の効率化」「成績判定結果の確定作業の効率化」という 3 つの要求事項に具体化しており，さらに「成績データの確認の効率化」という項目については，「成績データの一覧確認」「成績データの検索確認」「成績不良者データの確認」などのより具体的な項目が 3 次レベルの要求として展開されている．

一方，システムで実現する設計要素についても検討を加え品質特性展開表に整理する．図 4.5 の例では，システムの品質面を決定する能力面の要素について「画面表示」「速度」という 2 つの要素に分解されている．さらに「画面表示」については「表示アイテム数」「1 アイテム当たりの文字数」，「速度」については「結果表示速度」「検索速度」というより具体的に設計目標値として考えるために数値として押さえることのできる項目（3 次項目）に展開されている．そして，要求品質展開表と品質特性展開表に展開された個別要素間の関係をマトリクスによって関係づけて整理していく．

このようにして作成した要求品質展開表と品質特性展開表を照合し，顧客から求められた品質要求と，システムの設計要素の対応付けを行う．この過程で，各品質要素の重要度を設計要素の重要度に展開し，実現上の制約なども考慮し要求事項の取捨選択を並行して進め，システムの開発要件として整理していく．

2. 要件の漏れ・抜けの確認

システム開発において要件の抜けや，曖昧さは，設計以降の作業の混乱の要因となる．このため，要件定義の段階で要件の漏れ抜けや，曖昧性をできる限りなくしておかなければならない．

特に，ユーザ側のビジネスの中で実施される頻度が低い作業や一

表 4.4　漏れ抜けのチェックリスト例

要求の内容面に関するチェック項目

1	要求の必要性	・システムの実現やシステムが利用されるビジネスに関係のない要求事項，不必要な要求事項が含まれていないか
		・要求の必要性や重要性に応じて優先順位が考えられているか
		・ステークホルダを明記し，要求事項が関係づけられているか
2	要求の類似性	・類似した要求が含まれていないか
		・要求事項が重複していないか
3	要求の一貫性	・要求同士が互いに矛盾しないか
		・矛盾する要求には優先順位が付けられているか
4	要求の完全性	・システム化に必要な要求は全て抽出されているか
		・ソフトウェアだけではなく，システムとしての視点からも要求が摘出されているか
		・システムで実現しないと決めたことが明記されているか
		・機能のみでなく非機能についても記述されているか
		・必要な数値などは明記されているか
5	要求の実現可能性	・要求事項は技術的に可能なものか
		・コスト，開発期間などを考慮した場合に実現可能な要求になっているか

要求の記述面に関するチェック項目

1	記述の曖昧さ	・一意に解釈できる記述になっているか
		・簡潔な表現になっているか
2	用語	・曖昧な用語，注釈が必要となる専門的用語が多用されていないか
		・記号，略称などの意味が明確になっているか
		・曖昧な形容詞が含まれていないか
3	言い回し／表現	・まとめ方，表記法が統一されているか
		・章だてがわかり易くなっているか
		・文体は統一されているか
		・記述は厳密かつ論理的に記載されているか

部の担当者のみで実施している作業などについては，要求を提示するユーザ側でも十分に把握できてない場合もあり，要件の漏れや曖昧性につながりやすい．また，情報システムでは開発するシステムと外部のシステムが連携する場合などもあり，こうした場合に，システム間の連携機能やシステム間インタフェースや境界が曖昧になりがちである．

一般に要求を提示する顧客側は，提示した要求に漏れや抜けがあるかどうかを十分に認識するのは難しい．このため顧客の要求を聞きだし整理する開発者やシステム提案者の側で確認する必要がある．その場合にも，複数人で要求項目を読み合わせするなどして確認する．

4.6 要求の文書化

1．要求の文書化に関する基本的な考え方

顧客から引き出した要求を基に検討したシステムに関する要件は何らかの表現形により記録し参照可能な形としなければならない．最も単純かつ原始的な記法としては，日本語などの自然言語を用いて文章に整理する方法がある．しかし，こうした自然言語により要求を表現する場合，その記述内容や記述の視点，粒度は，記述者によって異なるといった問題がある．このため，システムの開発要件を表現する際には，ある程度，統一的な表現の枠組みをもたせておく方がよい．システムの要件は機能や性能をはじめ様々な側面から検討・分析され定義されるが，それらの側面ごとに整理して表現する方法として要求モデリングが利用される．

代表的な要求モデリングの考え方としては，システムが提供する機能サービスに注目した**ユースケースモデリング**，システムのデータ処理などの側面に着目した**データモデリング**，システムの内部状態の遷移に着目した**状態遷移モデリング**などがある．これらは顧客の要求を表現する場合や，それらを分析し整理した要件を表現する場合のどちらにも利用可能である．このように，要求モデリングについてはその視点や記法について様々な方法が提案されてきたが，

OMG：Object Management Group

UML：Unified Modeling Language

1997年にOMGによって提案された**UML**により，ソフトウェアシステムについて，上述の様々な視点から要求や設計を表現するための標準的な視点やその記法が統一された．UMLは表4.5に示すように，システムの要求を表現するための記法であるユースケース図やシステムの構造を表現するクラス図など13種類の表現法を提供しており，多くのソフトウェアシステムの開発で利用されている．

2. ユースケースによる要求の表現

システムの要求を表現する表現法としてUMLでは**ユースケース図**および**ユースケース記述**が用意されている．ユースケースとはシステムが提供する機能やサービスを利用者視点でとらえたものであり，一般には，「システムが想定されるユーザに対してXXXというサービスを提供する」といった形で抜き出して整理することができる．例えば，大学の履修登録システムなどを考えると，このシステムはユーザとしての個々の学生に対し，「履修科目を受け付ける」というサービスを提供している．また，履修登録がすべて終わった学生に対しては「履修登録内容を踏まえた修得単位シミュレーションする」や「履修登録票を出力する」などのサービスも提供する．これらはすべて履修登録システムでユーザとして学生を考えた場合のユースケースということになる．一方，履修登録システムのユーザは学生だけではなく，例えば，個々の授業科目の担当教員の場合も考えられる．この場合，ユーザとしての教員に対してシステムは，当該授業の履修登録をした学生の氏名や学籍番号などの一覧を提示するという「授業履修登録者一覧を出力する」といったサービスを提供する．

この事例からもわかるように，1つのシステムにとってのユーザは一人とは限らず，様々な立場の人々がユーザとなり，その立場や役割によって，システムは異なるサービスを提供する場合が多い．ユースケース記述では，こうしたシステムのユーザをアクタと呼ぶ．授業履修登録システムの例ではアクタは「学生」「教員」「教務担当職員」などになる．

(a) ユースケース図の表現法

ユースケースを表現するための図式としてUMLではユースケー

表 4.5　UML

構造を表現する図

No.	構　図	概　要
1	クラス図	クラスの構造やクラス間の関係、役割を表現
2	オブジェクト図	特定下におけるオブジェクト同士の関係を表現
3	コンポジット構造図	クラスやコンポーネント等の内部構造と関係を表現
4	コンポーネント図	ソフトウェアコンポーネントの構成を表現
5	配置図	ハードウェア、ディレクトリ等どうプログラムを配置するかを表現
6	パッケージ図	クラスが、どのパッケージにグループ化されているかを表現
7	ユースケース図	機能と利用者や他システム等の外部との関係を表現

振る舞いを表現する図

No.	振る舞い	概　要
8	シーケンス図	相互作用するオブジェクト間のメッセージ送受信を時間系列で表現
9	コミュニケーション図	相互作用するオブジェクト間のメッセージ送受信をオブジェクト間の接続関係に焦点を当てて表現
10	タイミング図	リアルタイムのような短時間での状態遷移や時間制約、メッセージ送受信などを表現
11	相互作用概要図	相互作用図同士の関係の概要図。シーケンス図、アクティビティ図等で表現
12	ステートマシン図	1 つのクラスに着目しそのオブジェクトの生成から破棄までの状態遷移を表現
13	アクティビティ図	システム(や業務)のアクティビティ、データの流れ、アクティビティ実行の条件分岐などを表現

ス図が利用される．ユースケース図ではシステムのアクタを人型の記号（スティックマン）で表現する．また，個々のアクタに対してシステムが提供するサービスや機能をユースケースと呼び，長円形で囲んで表現し，その間を線で連結する．また，一般的に，どのようなシステムであっても，そのシステムの守備範囲（システム境界：提供する機能やサービスの範囲）がある．このため，どのユースケースが当該システムの守備範囲であるかを線で囲み，その中に記述されたユースケースがシステムの守備範囲であることを明示する．

(b) ユースケースの導出

顧客の要求をユースケース図として整理するためには，①システムのアクタを見抜き，②それぞれのアクタがシステムに期待するサービスを抽出する必要がある．

システムのアクタについては，通常，顧客との要求仕様に関する打ち合わせの中で主たる**アクタ**（ユーザ）については言及される場合がほとんどである．一方で，多くのシステムではこうした主たるユーザ以外でも，例えばシステムの運用保守を担う担当者など様々なユーザがシステムにかかわる場合も少なくない．このためアクタの抽出に際しては，以下の３点に留意する必要がある．

① システムが対象とする業務にどのような人々が関わっているかを顧客サイドの業務遂行体制なども参考に詳細に確認する
② 計算機システムとしての導入を念頭に，顧客側のシステム運用保守体制なども想定する
③ システムの運用・管理者と最終的なユーザ（エンドユーザ）が異なる場合についても考慮する

一方，これらのアクタに対するユースケースの抽出については，上記の事例からもわかるように，顧客との仕様打ち合わせの中で出てくる「アクタに対しシステムがXXXする」という文脈や「アクタがシステムを用いてXXXする」という文脈を注視する．このようにシステムは顧客であるアクタに対し能動的にふるまう場合がほとんどであるため，ユースケースの多くは動詞表現で語ることができる場合が多い．

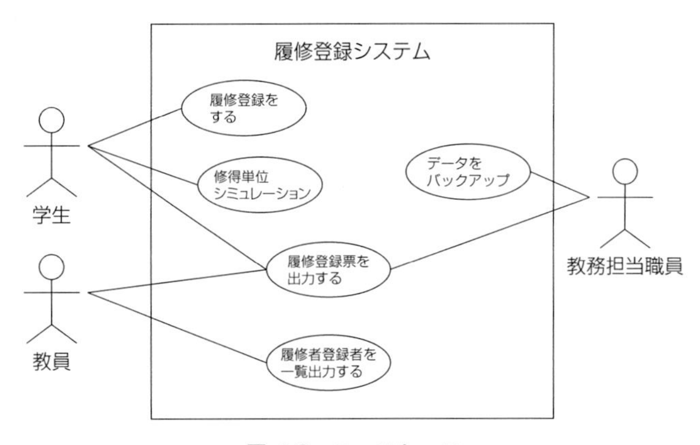

図 4.6　ユースケース

(c) ユースケース記述

ユースケース図はシステムで提供する機能をユースケースの視点から整理し，ユーザとの関係を把握できるように一覧表示することを主眼に置いている．一方で，そこで記載された個々のユースケースが具体的にどのようなものであるかをより詳細に定義するためにユースケース記述を行う場合がある．ユースケース記述では図4.7に示すように，個々のユースケースごとに，目的，事前条件やユースケースの基本動作系列，例外処理系列，事後条件などを記述する．

名称	授業履修者登録の一覧表示
開始アクタ	授業担当教員
事前条件	履修登録期間が終わっていること
正常処理シナリオ	
1	担当教員に与えられたID，パスワードでシステムにログイン
3	一覧表示する授業コードを指定する
4	一覧表を作成する学期を指定する
5	指定された情報を基に，履修登録をしている学生の情報をデータベースから取得する
7	取り出した情報を，所定のフォーマットに埋め込み一覧表を作成する
例外処理	
1	履修登録する学生がいない場合

図4.7 ユースケース記述

3. 要件定義書

システムを開発する際のシステム要件の中心的な部分は前述したようにユースケースなどを用いて表現することが可能である．このような表現形を用いた場合，そこで表現された事項は一定の記述粒度などが保証される反面，記述事項に対する補足事項などは表現しづらく，また，ユースケース図で表現しきれない要件なども存在する．このためシステム開発の実務では，一般に，顧客から聞き出した要求を分析・整理し，その内容を要件定義書という文書に整理する．要件定義書は基本的に自然言語や図表を交えて顧客要求の分析結果を整理し，どのようなシステムにすべきか，あるいはシステムとして実現する内容や仕様を顧客に提示し確認する役割をもっている．前述のユースケース図やユースケース記述なども，この要件定義書を形作る情報の一つとなる．

要件定義書にどのような情報を盛り込むべきかについては表4.6に示す**IEEE830**（Recommended Practice for Software Requirements Specifications）などの規格にも整理されているように，

- 顧客が解決を求めている課題や要望
- それらに対してどのようなシステムで解決を図るか
- 想定する利用者とシステム化の範囲
- システムで実現する機能・サービスおよび付随する非機能的側面
- システムに関する前提条件，制約条件
- システムの導入により既存の業務がどのように変わるか
- システム導入によって生まれるメリット

などを記載する．

また，システムによっては，様々な事情により，部分的に仕様を確定しきれない場合も少なくない．このような場合には，仕様として未確定の部分がはっきりとわかるように記載しておく必要がある．

4.7　要件定義書の確認とレビュー

1．要件定義書の確認の必要性

要件定義書はシステム開発を担当する開発者側で，顧客の要求を基に整理するものであり，顧客の同意のもとで，システム開発に関するベースドキュメントとなる．したがって，要件定義書に誤りや抜けなどがあると，その後のシステム開発に多大な影響を及ぼしてしまう．このため，要件定義書は開発側で取りまとめた段階，顧客の同意を取り付ける段階など何段階かでレビューと呼ばれる確認作業を行い，誤りのないことを確認しなければならない．

2．要件定義書の確認ポイント

要件定義書のレビューでは以下の点について重点的に確認する必要がある．

表 4.6 IEEE 830 仕様書テンプレート

1. Introduction	1. はじめに
1.1. Purpose	1-1. 目的
1.2. Scope	1-2. 範囲
1.3. Definitions, acronyms, and abbreviations	1-3. 用語定義
1.4. References	1-4. 参考文献
1.5. Overview	1-5. 概要
2. Overall description	2. 要求仕様の全体説明
2.1. Product perspective	2-1. 製品背景
2.2. Product functions	2-2. 製品機能
2.3. User characteristics	2-3. ユーザ特性
2.4. Constraints	2-4. 制約
2.5. Assumptions and dependencies	2-5. 仮定および依存性
2.6. Apportioning of requirements	2-6. 要求事項の割り付け
3. Specific requirements	3. 要求仕様の具体的説明
3.1. External interface requirements	3-1. 外部インタフェース
3.1.1. User interfaces	3-2. 機能
3.1.2. Hardware interfaces	3-3. 性能要求
3.1.3. Software interfaces	3-4. 論理データベース要求
3.1.4. Communications interfaces	3-5. 設計上の制約
3.2. Functional requirements	3-6. ソフトウェアシステムの属性
3.3. Performance requirements	3-7. その他の要求
3.4. Logical database requirements	4. 付録
3.5. Design constraints	5. 索引
3.6. Sofrware system attributes	
3.7. Other requirements	
Appendixes	
Index	

ISO/IEC 830
IEEE Std 830-1998 IEEE Recommended Practice for Software Requirements Specifications-Description

〈記載内容の妥当性の視点〉

- ・必要不可欠な情報や仕様が欠落していないか
- ・矛盾した事項や結論が記載されていないか
- ・表現された事項が２つ以上の意味に解釈されないか
- ・システムを実現するうえで余分な情報が含まれていないか

〈システム実現内容の妥当性の視点〉

- ・システムの開発費や開発期間面から考えて適切な仕様になっているか
- ・顧客の意図とずれた仕様になっていないか
- ・現状の技術や科学技術の水準を踏まえた場合に実現不可能な仕

様になっていないか

これらの点を踏まえ，要件定義書をレビューする際には，類似のシステムの開発経験を有する第三者や，必要に応じて顧客にも立ち会ってもらうなどしてレビューを行う．

演習問題

問１　第１章で紹介した歯科医院向け診療支援システムについて，ユースケース図を作成しなさい．

問２　このシステムを開発するに当たり，求められる非機能要求項目を検討しなさい．

第5章

システム設計

情報システム全体をどのような計算機やネットワークで構成するか．そして個々の計算機ノードにどのような処理機能を実現するソフトウェアを搭載するかを検討する作業をシステム設計という．第5章ではシステム設計で検討すべき事項や，その基本的な考え方，システム設計の表現について説明する．

5.1　システム設計で検討すべき事項

1．基本的な検討事項

システム設計は要件仕様書に記載されたシステム機能および性能をはじめとする非機能要求を，どのような方式で実現するかを検討し，決定する作業である．ここで考えるシステムとは単一の計算機を中心にした単純なシステムだけではなく，時には複数の計算機ノードやデータストレージなどをネットワーク接続することで実現されるシステムの場合もある．

このようなシステムを設計する場合，主にシステムの構成と動きの2側面から考え，その中で求められる機能や非機能をどのように実現していくかを検討する．

システムの構成については，①システムでどのような計算機ノードやストレージを利用するか，②それら計算機資源をどのような形態で連結させるか，③各計算機資源間での情報連携やデータ流通の形式をどのようにするか　といった3点を中心に検討する．

一方，システムの動きは，そのほとんどがシステムに搭載されるソフトウェアからの指示によって実現される．したがって，システム設計の段階では主にシステムで扱う情報やデータに着目して，それらをどのように加工したり処理したり，見せるようにするかといった点を中心に整理する．ソフトウェア処理に依存する部分については，システム設計段階で整理したこれらの情報を基に，ソフトウェア設計（6章参照）の段階でさらにその詳細を検討し設計していく．

2. 要件とのトレーサビリティ

システム設計を行う場合，システム設計での設計内容と要件仕様書に記載された関連要件が対応付け可能になるように注意しなければならない．このため要件と設計内容の対応表（**トレーサビリティ**

表5.1　トレーサビリティマトリクス（例）

				設計アイテム				
				教務課サーバ		学生課サーバ	教員クライアント	
				教務課成績処理プログラム	教務課履修管理プログラム	学生課学生情報管理プログラム	教員成績登録プログラム	教員授業管理プログラム
要件	要件A：成績表出力	A1	指定した学生の成績表を出力	○			○	
		A2	指定した学科の成績表を出力	○				
		A3	卒業生の成績表を出力	○				
	要件B：成績入力	B1	指定した学生の成績を入力				○	
		B2	指定した授業の成績を入力				○	
	要件C				○			
	要件D					○		

マトリクス）を作成したり，品質機能展開を利用して開発要件がどのように設計要素に対応付けられているかを明らかにする．要件と設計の対応付けが明確になっていない場合，なぜそのような設計にしたのかという理由がわからなくなり設計が妥当なものであるかどうかの判断が難しくなってしまう．

表5.1に大学における成績管理システムに関する要件と設計内容を対比させたトレーサビリティマトリクスの例を示す．この表では例えば「指定した学生の成績表を出力」という要件が，システム設計レベルでは「教務課サーバの成績処理プログラム」に対応していることが読み取れる．

5.2 計算機およびストレージの選定

システム設計のスタートポイントでは，システムが提供する機能や役割を実現するために必要かつ十分な能力をもつ計算機を選定し調達しなければならない．また，同時に計算機で行う様々な情報処理の対象となるデータ類をどこにどのような形態で保持するかを考え，必要なストレージをシステム構成要素として組み入れなければならない．

1．計算機の選定

(a) 計算機の選定手順

システムで利用する計算機を選定する手順は下記のとおりである．

Step-1：計算機ノードの洗い出し

システムに対する開発要件を参考に，システム内でどのような役割の計算機ノードが必要になるかを検討する．例えば，表5.2に示すようにアプリケーションを動作させるアプリケーションサーバ，アプリケーションで利用するデータ類をさばくデータサーバなど必要な計算機ノードを洗い出す．計算機ノードの選定では，システム全体に求められる信頼性をはじめとする非機能要求も考慮し，必要に応じてバックアップ用の計算機ノードを用意するなども併せて検討する．

表 5.2　計算機ノードの一覧（例）

計算機名	種　別	搭載するアプリケーション
教務課サーバ	教務事務処理アプリケーションサーバ	・成績管理アプリ ・授業管理アプリ ・教室管理アプリ
学生課サーバ	学生課事務処理アプリケーションサーバ	・学生管理アプリ ・履修管理アプリ ・卒業生管理アプリ
教員クライアント	教職員用事務処理アプリ	・成績登録アプリ ・授業登録アプリ
教務情報データサーバ	成績・授業データベース	
千葉キャンパス 教務課サーバ	教務事務処理アプリケーションサーバ	・成績管理アプリ ・授業管理アプリ ・千葉 C 教室管理アプリ
千葉キャンパス 学生課サーバ	学生課事務処理アプリケーションサーバ	・千葉 C 学生管理アプリ

Step-2：個々の計算機ノードのハードウェアスペックの検討

洗い出した計算機ノードごとに，どのような機能を担当させ，どのような処理を実行させるか，そして，その場合に，どの程度の処理性能が求められるかなどを検討する．この場合，計算機に搭載されている CPU のクロック数やビット数，あるいはベンチマークによる処理性能値（MIPS，FLOPS など）も参考とする．また，複数の計算機ノードをネットワークを介して連携させる場合には，計算機のネットワークインタフェースなども評価する．

MIPS：Million Instructions Per Second

FLOPS：Floating-point Operations Per Second

Step-3：個々の計算機ノードのソフトスペックの検討

上記の検討でハードウェア面でシステム要件に合致する計算機ノードの選定を行ったとしても，その計算機ノード上で動作させるソフトウェアスペックが不適切だと，計算機の能力を十分に引き出すことができなくなる．このため，選定した計算機に搭載するオペレーティングシステムなどのソフトウェアプラットフォームの確認を行う．

ソフトウェアプラットフォームはハードウェアとの相性や，メモリ占有サイズなどのフットプリントも含めて検討する．また，データサーバについては搭載するデータベースソフトとの相性も考慮する．さらに，当該システムと外部のシステムをネットワーク連携す

表 5.3 計算機の処理性能

計算機を構成するコア数
各 CPU の処理性能 ・CPU 処理速度 　クロックサイクル 　ビット数 ・搭載されるメモリ：サイズと速度 　ROM サイズ 　RAM サイズ 　キャッシュ構成 ・主記憶のサイズ，アクセス時間 ・ベンチマーク 　MIPS 値，FLOPS 値

る場合には，外部システム側のソフトウェアとの整合性なども確認しておく．

(b) 計算機の処理性能

計算機選定の際には特に計算機の処理性能の確認が必要である．計算機の処理性能の確認では，

① 搭載される CPU コア数の確認

② 各 CPU の処理性能の確認

が必要となる．

① CPU コア数の確認

近年の計算機ではその内部に複数の CPU コアをもつものが一般的になっている．システムで利用する計算機選定の際にも，それぞれの計算機がいくつのコアで構成されているかを確認しておく必要がある．複数の CPU コアをもつ計算機は，ハードウェア性能面では有利であるが，一方で，コア間の情報の引き渡しを始め，ソフトウェア面では工夫が必要な場合もある．

また，複数コアの搭載により演算速度を向上させた場合でも，演算に必要なデータのアクセス速度が従前のままであると，演算の高速化の恩恵が限られてしまうこともある．

② 各 CPU の処理性能の確認

計算機に搭載される CPU について，表 5.3 に示すように，

・CPU 処理速度（クロックサイクル，ビット幅）

・搭載されるメモリ（ROM，RAM，キャッシュ）のサイズ

・各メモリのアクセス速度

などがシステムとして実現する予定の機能や処理に見合ったものであるかどうかを確認しなければならない．これらの値は通常，個々の計算機のカタログなどに掲載されている．

また，計算機の処理性能については，計算機に搭載されているプロセッサについては単位時間当たりの命令実行数を評価したMIPS値や浮動小数点演算能力を評価したFLOPSやなどの評価指標なども公開されており，これらを参考にすることもできる．さらにCPUやパソコン，あるいは特殊な処理を対象としたベンチマークテストなどの結果なども参考にできる場合もある．ベンチマークテストは予め定められた処理などを計算機に実行させてその性能値を比較評価する方法である．

③　プロトタイプによる簡易的な性能評価

非常に高い性能が求められるシステムでは，システム開発者が開発するシステムを念頭に簡易なプロトタイプシステムを用意し，それを用いてシステム性能を事前に評価したり，その動的な特性を把握（動作プロファイリング）するといった方法をとる場合もある．

2．ストレージの選定

(a)　ストレージの基本概念

現代の情報システムは機能の増大に伴い様々な情報やデータをシステム内外に保持することが求められている．一般的な計算機上には，その中心となるプロセッサ周辺にキャッシュやROM，RAMなどの記憶装置が実装されている．これらの記憶装置は図5.1に示すように階層構造をとっており，キャッシュなどの階層上位に位置する記憶装置は，データのアクセス速度は高速であるが，記憶容量的には小さいものが採用される．一方，階層下位に属するハードディスクなどはアクセス速度は低速であるが，記憶容量は大容量となっている．このように計算機ではアクセス速度や記憶容量の異なる記憶装置を複数利用することで，システム全体に求められるデータの記憶容量とアクセス速度を実現している．このような階層構造をもつ記憶装置の中にあって，磁気ディスク（ハードディスク）や磁気テープ，光学ディスク，フラッシュメモリなどのように，通電を

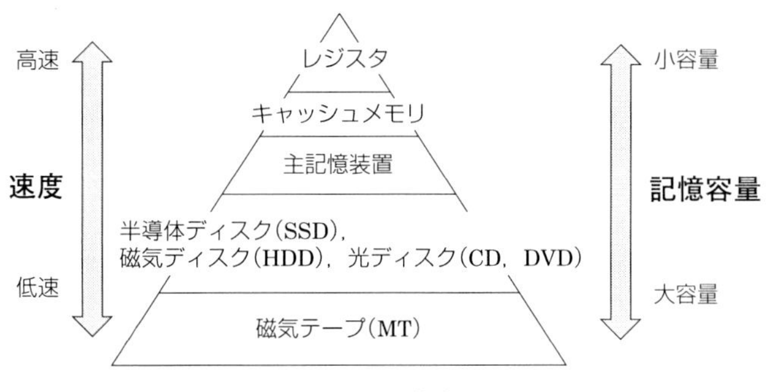

図 5.1 記憶階層

しなくても保存されたデータを永続的に保持できる記憶装置を**データストレージ**と呼ぶ.多量の情報をハンドリングする現代の情報システムでは,このようなデータストレージはシステム構成上,必須の要素となっている.ストレージの選定に関しては,

① 記憶容量:どれくらいの情報を保持できるか
② アクセス速度:どれくらいの時間で必要な情報を取り出すことができるか
③ 耐用年限:どれくらいの期間データを保持できるか
④ セキュリティ:保持するデータのセキュリティが守れるか

などを考慮しておく必要がある.また,システムの中にはデータサーバ上でデータベースを利用する場合もある.この場合,どのようなデータベースシステムを利用するかも含めて検討しておく.

特に上記の中でもアクセス速度については,データストレージへのデータ転送に関するレイテンシが重視される.レイテンシとはデータを送出してから受信するまでに要する時間であり,情報システムでは多量のデータのやり取りがシステム内で発生するため,レイテンシの僅かな差異がシステム性能に大きな影響を及ぼす場合がある.また,耐用年数についても多くの情報システムは数年から長いものであれば十数年利用され,その間のデータが記録保存されるものも少なくない.このため,この間,データを記録したメディアの劣化などが起きないものを選定する必要がある.また,データの記録フォーマットなども安定したものを利用しなければならない.

(b) クラウドストレージとオンプレミスストレージ

近年の情報システムでは，ネットワーク上のクラウドに置かれたデータストレージを利用する場合が増加している（図5.2）．

このようにクラウド上にあるストレージやデータサーバを利用する場合，システム側からはネットワークを介してアクセスインタフェースのみが見える形となり，ストレージが物理的にどこに存在するかなどの実態は見えない．また，そうした環境下では，ネットワーク上に分散している複数のストレージをあたかも1台のストレージであるかのように扱うストレージの仮想化技術が併用される場合もある．

オンラインストレージ（クラウドストレージ）を利用するメリットは，個々のシステム内にデータストレージを抱え込まない分，開発費を抑えることができ，また，データストレージの運用保守費用も抑えることができるといった点があげられる．一方で，オンラインストレージではネットワークを介して情報システム内のデータの送受信を行うことから，特にデータのセキュリティ確保について暗号化を含めた対策を十分に施さなければならない．

一方で，このようなオンラインストレージではなく，各システム内や自社内で専用のデータストレージを用意する方式をオンプレミス方式と呼ぶ．オンプレミスの場合，システムに最適なデータストレージを選定できるといったメリットや前述のセキュリティ面のリ

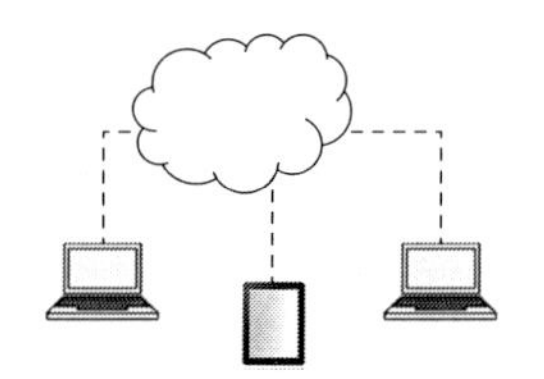

（a） クラウド型
・インターネット上のサーバを利用してソフトウェアを利用する形態
・利用者はインターネット環境さえあればどこでも利用可能
・サーバなどの設備やその保守が不要であるため，比較的低コストで利用できる

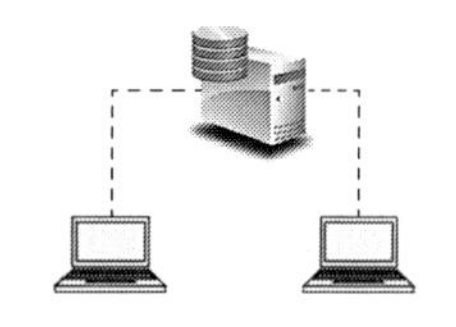

（b） オンプレミス型
・自社で用意したサーバへソフトウェアをインストールし，利用する形態
・セキュリティ面，システムの柔軟性などが高い
・コスト面，システム調達面などではデメリットがある

図5.2　クラウドとオンプレミス

スクが少ない反面，データストレージの導入費用や運用保守費用がかさむといった課題点を考慮する必要がある．

5.3　システム方式とネットワーク方式の選定

情報システムの形態は第2章で紹介したとおり，クライアントサーバ方式やクラウド方式など様々な実現方式が考えられる．上記で検討した計算機ノードに関する情報を基に，具体的なシステムの構成形態を検討しなければならない．この場合，単純な集中型のシステムが適しているのか，あるいはクライアントサーバ方式に代表される分散型のシステムが適しているのかなどをシステムで扱う情報処理業務の特徴も踏まえて検討する．また同時に，実際にシステムを設置するユーザサイドの組織や建物など物理的な制約事項も念頭にシステム形態を考える．

例えば図5.3に示すような大学の成績管理システムを考えてみる．大学が都内のキャンパスと郊外のキャンパスに分かれ，それぞれに学科が分散している場合，システムとしてはそれぞれのキャンパス内の学科の成績管理をシステムとして**水平機能分散**させるシステム構成を案として考えることができる．

また，近年は非常に重要な情報処理を担うシステムでは，主系のシステムと従系のシステムを物理的に離して配置することで，災害時などの**事業継続性**を確保するといった工夫が求められる場合もある．

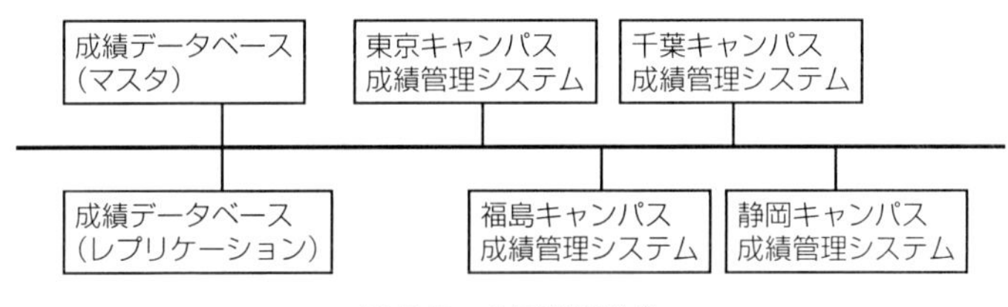

図5.3　水平機能分散

1. ネットワークの基本形と長短所

検討・決定したシステム構成方式に基づいて，システムを構成する計算機ノード間をネットワーク接続する．ネットワーク接続の形態は，システム形態との関係が密であり，第3章で紹介したようにスター型，バス型，階層型などのネットワーク接続形態が考えられる．ネットワーク接続する計算機の台数（ノード数）や物理的な制約や実現する機能などとともに，それぞれの接続形態の長所短所を検討してシステムのネットワーク構成を決定する．

2. システム挙動を考慮したネットワーク性能

また，同時にこうしたネットワーク接続形態とともに，通信路としてのトラフィック量の予測なども行う．システムで利用する個々の計算機ノードがシステムの開発要件を満足していたとしても，ノードをつなぐネットワーク部でデータ送受信の容量をオーバーし，いわゆるネットワーク渋滞（遅延）が発生してしまうと結果的にシステム全体の性能が低下してしまう．

通常，ネットワークなどの情報通信についての性能は，単位時間当たりのデータ転送量を表す帯域で表される．例えば，商用の光回線を用いたインターネットの場合，その帯域は200 Mbpsなどである．これに比べ，CPU内やマルチコアにおけるCPUコア間のデータ転送速度は高速であるため，システム設計時には，それらのデータ転送の帯域と転送するデータ量を十分に考慮しなければならない．

bps : bit per sec

3. ネットワークセキュリティの考慮

さらにノード間連携にインターネットを用いてシステム外部との連携機能などを実現する場合，システムのセキュリティ面を考慮しなければならない．インターネットは通信方式としてはセキュリティ面でから見ると極めて脆弱な構成であるため，インターネットを介してのシステムへの侵入やデータの流出などの攻撃にさらされやすい．

5.4　システム利用者を考慮した設計

システムの実運用を考えた場合，システムのステークホルダを考慮しておく．一般的な情報システムの場合，システムの管理などを担うシステム管理者と通常のビジネス業務の中でシステムを利用する一般的な操作者やオペレータなど様々な人々がシステムを操作する．実際にはこれらの担当者ごとに許されるシステム操作は異なる場合が多い．このためユーザごとのアクセス権限を設定する必要がある．特に，システムが外部のシステムと連携する場合には，ユーザの識別と利用範囲を厳密に決めておかなければならない．また，このようなシステムではシステム間でのデータの受け渡しのルール，データフォーマット，受け渡しの手順（プロトコル），受け渡しのタイミングなどを厳密に定義しておく必要がある．

5.5　システムセキュリティの検討と設定

システムのセキュリティとは悪意のある第三者から情報システムやその上で利用される情報資産を守る行為である．システムセキュリティを守る方策としては，①悪意のある第三者にシステムへのアクセスを許さない，②悪意のある第三者に情報資産がわたっても利用できないようにする，という二側面の防御が必要となる．

① 不正アクセスの防止
- 外部システムからのアイソレート
  - ・ファイアウォールの設置
  - ・プロキシサーバの導入
- パスワード認証などによるアクセス制御

② 情報資産の保全と被害拡大防止
- 不特定の第三者による情報利用の阻止
  - ・情報資産の暗号化
  - ・情報資産への電子透かしなどの付加
  - ・プロキシサーバの導入
- ウィルス検知・除去ソフトの利用

図 5.4　システムセキュリティの基本対策

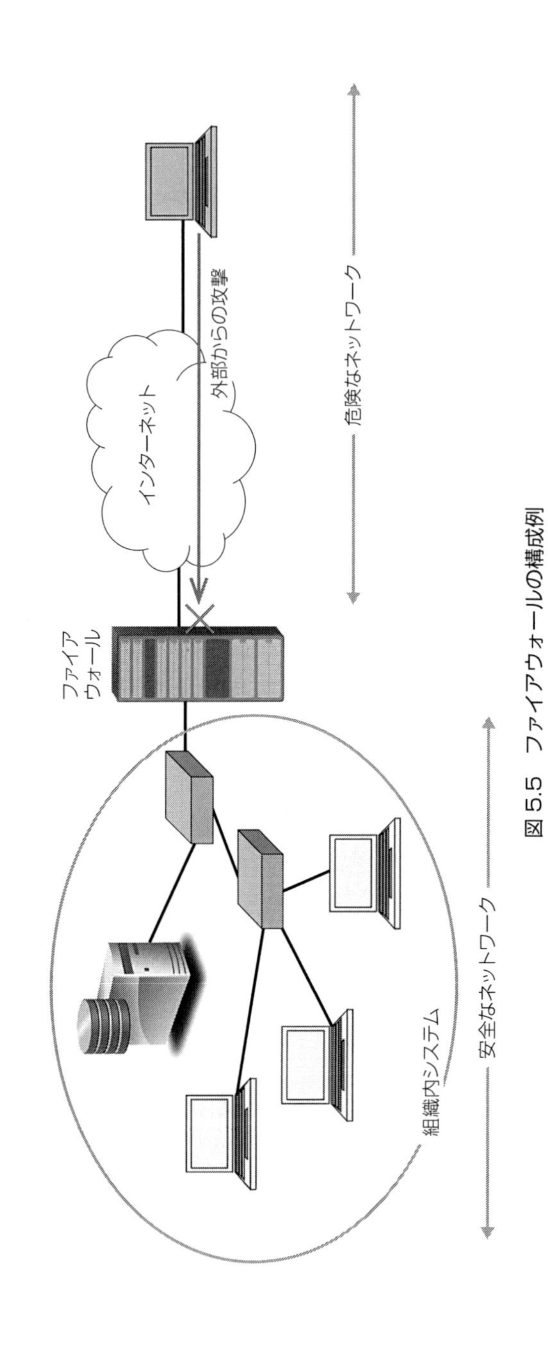

図 5.5　ファイアウォールの構成例

① 悪意のある第三者によるシステムアクセスを防ぐ

システムへの第三者の不正アクセスを防ぐためには，

・システムとその外部との境界を作るファイアウォールを導入したり（図 5.5），外部との接続の際にプロキシサーバを経由させる

・システムのアクセスについて，パスワードなどを用いたユーザ認証の仕組みを実装する

などの方法をシステムに組み入れる．

② 悪意のある第三者に情報資産がわたっても利用できないようにする

第 1 の防御が破られた場合，システムに第三者が侵入したり，それにより情報資産が外部に流出することになる．この場合，さらなる被害拡大を防ぐために，

・予めシステム内で扱う重要な情報資産は暗号化したり，電子透かしを入れることで，第三者が容易に利用できないようにしておく

・システムに不正侵入されウィルスなどに感染したことを早期に検知できるように，各計算機ノードにウィルス検知ソフトウェアなどを入れておく

などの対策を予め講じておかなければならない．

5.6 安全性を考えたシステムの設計

情報システムの中には安全性が重視されるシステムも存在する．システムの安全性とは，システムが動作した結果として，人やその周辺あるいは周囲の環境に，損害や損失を及ぼさない性質である．情報システムの場合，機器を直接的に制御する場合は少ないため，人的な被害を引き起こすことは稀である．一方で，金融システムや企業情報システムのように，一度，誤動作すると多大な経済損失やビジネス上の損失が発生するものが多い．安全性を備えたシステムを開発するために，システム設計の段階では，大きく分けて次の 3 点について検討が必要である．

①　ハードウェア故障による安全性の喪失

システムで利用する計算機を含めたハードウェアは，基本的に**バスタブ曲線**（図5.6）に準じた故障確率をもっている．すなわち，ハードウェアは初期段階での不良および経年劣化による故障の増加は物理的な現象として避けることができない．このため，システム設計では，ハードウェアの故障を念頭に置いたハードウェアに関するバックアップ方式やソフトウェアによる故障診断や異常処理機能についても検討しておかなければならない．ハードウェアのバックアップ方式としては，図5.7に示すように，**デュプレクス方式**やデ

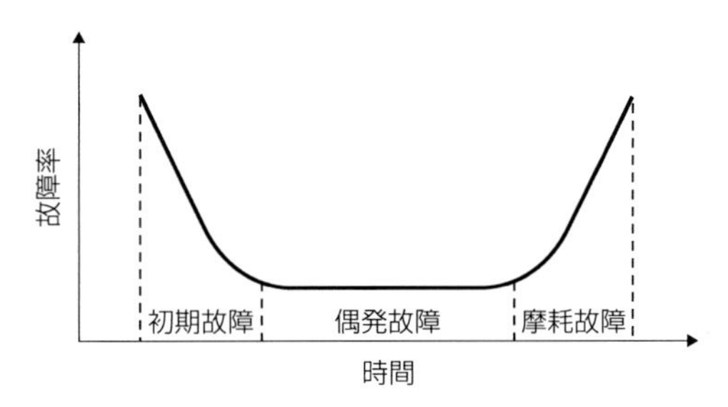

図5.6　バスタブ曲線

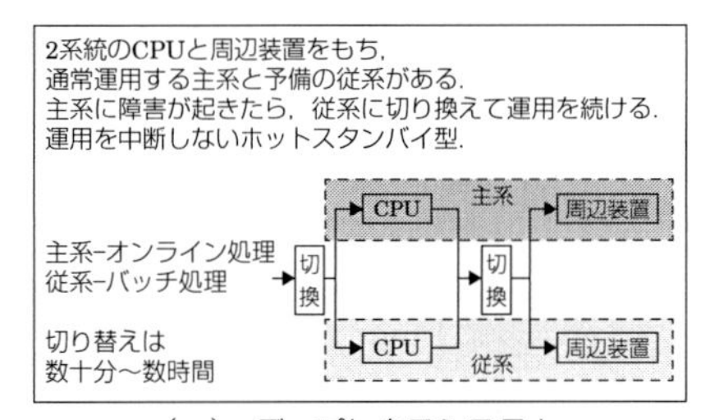

（a）デュプレクスシステム

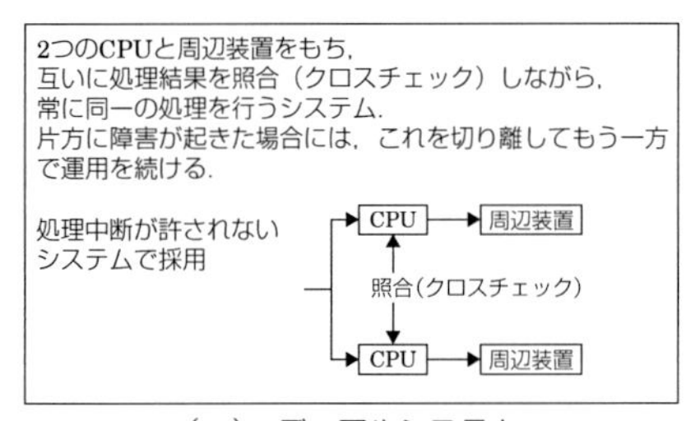

（b）デュアルシステム

図5.7　計算機の二重化

ュアル方式に代表されるハードウェアの二重化なども有効な考え方の一つである．

例えば，大規模な金融や証券取引のように社会の中核を担うインフラシステムでは，上記のようにハードウェアを二重化しているものも多い．また，情報システム分野ではないが，航空機の制御システムなどの非常に高い信頼性が求められるシステムにおいても同様にハードウェアは**多重化**されている．

②　ソフトウェア故障による安全性の喪失

一般的にハードウェアの故障はランダム故障であるのに対し，ソフトウェアの故障はシステマティック故障（**決定論的原因故障**）であるといわれる．システマティック故障とは故障の因果関係が明確になっているものを指す．ソフトウェアの故障の大半は設計の誤りが原因となっており，ある意味で，起こるべくして起きる故障と考えることができる．このようなソフトウェアの故障を未然に防ぐためには，ソフトウェアの設計構造を含めた検討が欠かせない．システム設計段階では，システムが実現提供する機能・サービスについて，ソフトウェアの処理機能面に着目して，FTA（Fault Tree Analysis）や**FMEA**（Failure Mode Effective Analysis）などを行い，どのような故障がどのような場合に発生しうるかを分析し，ソフトウェア側の異常処理機能をリストアップする．

また，情報システムの異常処理機能のなかでも代表的な考え方の一つは縮退という方策である．**縮退**とは，システム障害が発生した際に，システムが提供する機能サービスの範囲を縮小して再構成するものである．縮退を実現するためには，システムが提供する機能毎に，選択して実行できるように，機能の独立性を高めるアーキテクチャとしておかなければならない．

また，システムに異常が発生した場合に安全な側に動作を帰着させるフェールセーフという考え方も大切である．

さらに，ソフトウェアについては特にハードウェア側に高負荷がかかった場合に，ハードウェアの処理能力が低下し，結果的に誤動作につながる場合が少なくない．このため，このような高負荷時のソフトウェア側の処理についても検討しておく．

③　ユーザ誤操作による安全性の喪失

システムとしては正しく実装されていたとしても，それを操作するユーザが誤操作することによって，システムの安全性が損なわれる場合もある．このためシステム設計ではユーザの操作シナリオの分析・検証に基づき，ユーザ操作の誤りを想定した**フールプルーフ**などの仕組みの導入なども検討する．フールプルーフはユーザが誤った操作などした場合にも致命的な障害が起きないようにする設計思想である．具体的には，誤操作をしない，あるいは許さないようなユーザインタフェースを工夫したり，誤操作をした場合に検知するなどのメカニズムを検討する．例えば，銀行のATMでは，誤って大量の金額の送金や引き出しができないようにするために，1回あたり100万円という上限金額が設定されており，これを超えた金額は設定できないようになっている．

5.7　システム設計の表現

1．システム設計書

システム設計として検討した事項は**システム設計書**として整理する．システム設計書はシステム全体の構成やシステムで提供する機能・サービスがどのような仕組みで実現されるかをまとめたもので，システム実現に向けた検討資料として極めて重要なドキュメントである．システム設計書では，

・システム構成・構造の前提となる条件や制約条件
・システムの全体構成
・システムを形作る個々の計算機資源，ストレージ，ネットワークなどに関する詳細な仕様
・システム構成要素とシステムで実現する機能・サービスとの関係
・システムの処理性能に関する具体的な値とその実現方法
・システムに求められる信頼性，安全性などの実現方式
・システムの異常処理をはじめとする非正常動作に対する対応方式
・システムの保守性，移植性などを考慮したシステム構成上の工

夫
・法令，社会規範などの文化的側面に依存する制約事項に対するシステム実現上の対処方法

などを記述する．また，これらについては設計作業の中で，様々な条件などを考慮して検討決定した内容であるため，その検討のベースとなった根拠や理由なども，必要に応じて付記しておく．

2．システム構成図

近年の情報システムは求められる機能サービスが多様化しており，システム構成が複雑なものが多い．このようなシステムでは計算機，ストレージ，ネットワークなどシステムを構成する要素がどのように関連しているかがわかりづらく，システムの全体像の見通しが悪くなってしまう．このためシステム設計書ではシステム全体像を俯瞰する**システム構成図**などを記述しておく．システム構成図は図5.8に示すように，システムを構成する計算機，ストレージなどがネットワークを介して，どのように接続されているかを示した**ハードウェア・ネットワーク構成図**や，システムを構成するソフトウェアの配置を示す**ソフトウェア構成図**などが用いられる．システムのセキュリティ面などを考慮してファイアウォールを介したりする場合には，ハードウェア・ネットワーク構成図中に明示しておく．

システム構成図の記述法は明確には定められていないが，基本はシステム構成要素である計算機やストレージをボックスで表現し，その間を線で結んでノード間の接続やネットワーク接続を表現する場合が多い．UMLをベースとして開発されたシステム表現記法である**SysML**ではブロックダイヤグラムとしてより厳密な表記法も提案されている．

SysML：System Modeling Language

また，システム構成図は，システム構成を表現することを目的とするが，その表現としては，①システムの論理的な側面に着目した構成，②システムの物理的な側面に着目した構成という2つの側面を考えることができる．このため，システム構成図を作成する場合には，これらを意識し，まず論理構成を中心にブロック図を描き，その上で実世界における様々な制約事項を加味した物理的側面から見たシステム構成図にまとめていく．

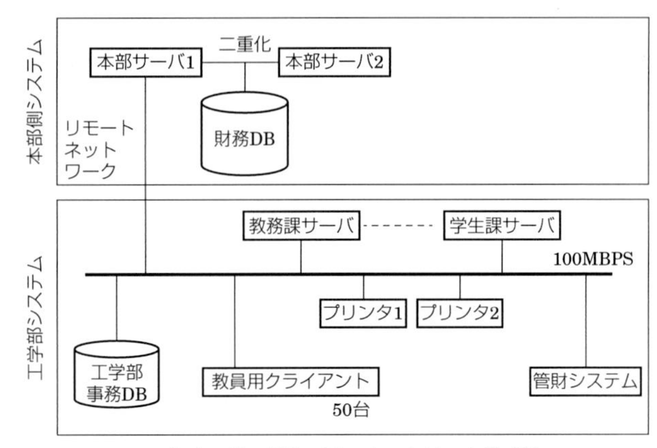

（a）　ハードウェア・ネットワーク構成図

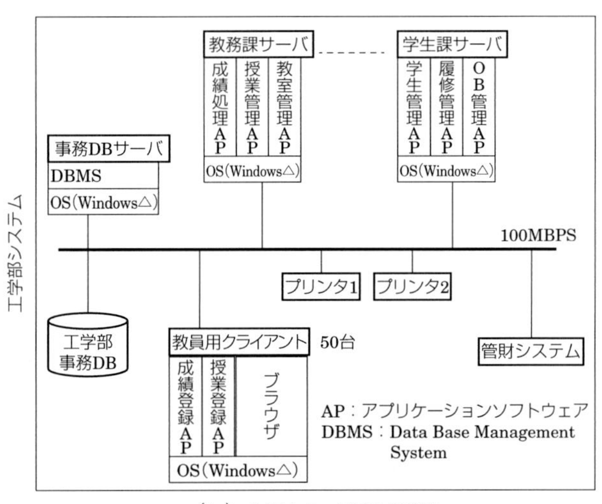

（b）　ソフトウェア基本構成図

図 5.8　システムブロック図

演習問題

問 1　大学の所属学科内で，学生の就職活動を支援するための就職支援システムを導入することになった．システムの主たるステークホルダは，大学の就職課担当者，学科の就職事務担当者，学科内の就職担当教員，学科に所属する教員，学科に所属する学生である．

このシステムでは，学科に所属するすべての学生の，企業説明会へのエントリーから採用試験，面接までの就職活動の情報を管理し，必要な担当者が適宜，学生の指導に利用することを目的としている．学生の就活データは基本的に学科内で閉じて運用される情報であり，学生の採用内定後は，次年度以降の就職指導の参考情報として利用される．

(1)　このシステムに関して，必要な計算機ノードやストレージを検討し，ハードウェア・ネットワーク構成図を作成しなさい．

(2)　システムが提供する機能を考え，その機能を実現するためのソフトウェアを検討し，ソフトウェア構成図を作成しなさい．

第6章 ソフトウェア設計–設計の概念

ソフトウェア設計とは，システム設計によって明確になったソフトウェアシステムの全体像を入力として，システム内で動作するソフトウェアの実現方法を検討し決定する作業である．第6章ではまず，ソフトウェア設計の位置づけと概念を整理し，その中心となるソフトウェアアーキテクチャについて説明する．

6.1 ソフトウェア設計の位置づけ

システム設計を基に，ソフトウェアシステムに搭載され動作するソフトウェアの具体的な実現方法を考える作業をソフトウェア設計という．もちろんソフトウェア設計を行う前段階として，システム設計およびその前提となるシステムや製品に対する要件や仕様を再度確認し，ソフトウェアにどのような機能・非機能の実現が求められているか確認しておくのはいうまでもない．したがって，プロセスの実施順序としては，図6.1に示すようにシステム設計，ソフトウェア要件定義，ソフトウェア設計の順で実施し，ソフトウェア設計の結果に基づいて，実際に計算機上で動作するソフトウェアをプログラムとして実装する．

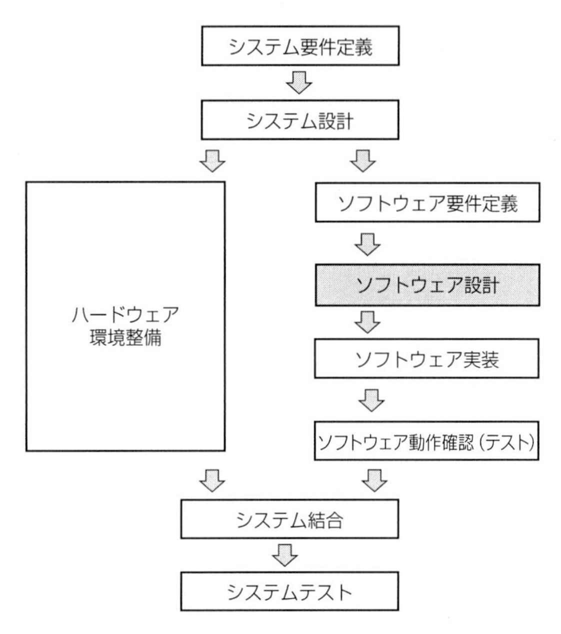

図6.1　設計プロセスの位置づけ

6.2　ソフトウェアの要件定義

1. ソフトウェア要件定義の位置づけ

情報システムに搭載するソフトウェアの開発では，第5章で述べたシステム設計書が出発点となる．通常，ソフトウェアとしての実現方法を考える前に，システム設計書を入力情報として，ソフトウェアに対する要件定義を行う．**ソフトウェア要件定義**では，システムの仕様や設計を満たすためには，どのような機能やサービスをソフトウェアで実現するかを検討し決定する．

また，システムとして検討を加えた非機能要求やシステムを構成する計算機などのハードウェア要素の多くはソフトウェアを考える上での制約となる．その上で，動作するソフトウェアとして，どのような形で実現するかを検討し，ソフトウェアに対する非機能要求をさらに深く掘り下げて，整理する．

2. ソフトウェア要件定義の方法と表現

ソフトウェアに対する要件定義についても，その実施方法は第4章で紹介したシステムに対する要件定義方法に準ずる．ただし，ソフトウェアの要件定義では，すでにシステム設計によって，システムのハードウェア構成などが決定されているため，それらをソフトウェア実装上の制約条件として考慮しなければならない．また，ソフトウェア要件は実際に開発するソフトウェアが提供する機能やサービスを中心に，より具体性な内容を詳細に検討・分析する．

ソフトウェア要件分析の結果については，ソフトウェア要件仕様書に整理する．ソフトウェア要件仕様書では，図6.2に示すように，

- ソフトウェアで実現する機能・サービスに関する前提条件
- ハードウェアなどシステム構成上からくるソフトウェア機能や動作についての制約条件
- ソフトウェアの主たる利用者と動作環境
- ソフトウェアで実現する機能やサービスの一覧および詳細な内容
- ソフトウェアで実現する非機能要件

1. Introduction（はじめに）
    - 1.1. Purpose（要求仕様書の目的）
    - 1.2. Scope（成果物の範囲）
    - 1.3. Definitions, acronyms, and abbreviations（用語の定義，略語，短縮形）
    - 1.4. References（参考資料）
    - 1.5. Overview（要求仕様の概要）
2. Overall description（要件の全容）
    - 2.1. Product perspective（システムの概要）
    - 2.2. Product functions（システムの機能）
    - 2.3. User characteristics（ユーザの特性）
    - 2.4. Constraints（制約条件）
    - 2.5. Assumptions and dependencies（仮定と依存事項）
    - 2.6. Apportioning of requirements（要件の優先順位付け）
3. Specific requirements（要件の詳細）
    - 3.1. External interface requirements（外部インタフェース要件）
    - 3.2. Functional requirements（機能要件）
    - 3.3. Performance requirements（性能要件）
    - 3.4. Logical database requirements（論理データベース要件）
    - 3.5. Design constraints（設計上の制約）
    - 3.6. Software system attributes（システムの特性）
    - 3.7. Other requirements（その他の要件）

Appendixes（付録）
Index（索引）

（注）「IEEE Recommended Practice for Software Requirements Specifications」（IEEE Standard 830-1998）のSRSテンプレートより

図6.2 ソフトウェア要件仕様書目次

・ソフトウェアが関わる信頼性，安全性に関する機能
・ソフトウェアに関するセキュリティ面の要件
・利用者を考慮したユーザインタフェースに関する要件

などを中心に整理する．なお，これらの要件については，基本的に優先順位をつけておく．

また，ソフトウェア要件の表現型として，第4章に示したユースケース図やシステム構成図を，ソフトウェアの視点から精査しソフトウェア要素を追記したものを，ソフトウェア要件仕様書の一部とする場合もある．

6.3　ソフトウェア設計の視点

ソフトウェア設計は前項で説明したソフトウェア要件定義書を入力として，実現するソフトウェアの具体的な構成や構造を考える作業であり，ソフトウェアエンジニアが中心になって進める．ソフトウェアの構成・構造については，

①　顧客/開発者それぞれから見た構成・構造
②　ソフトウェアの全体と部分

という2つの視点が存在する（図6.3）．

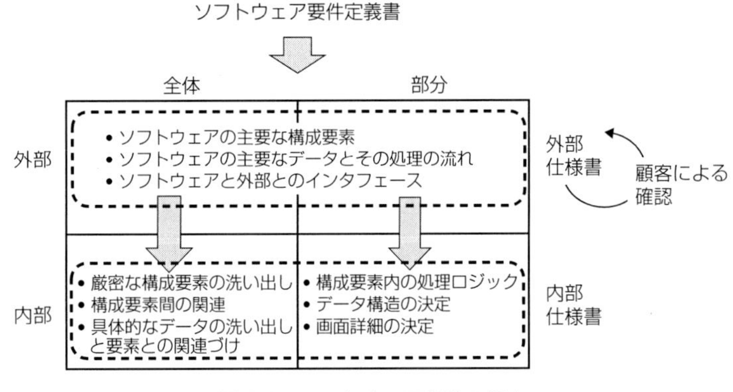

図6.3　ソフトウェア設計の視点

1. 外部設計と内部設計

開発するソフトウェアをどのような構成や構造によって実現するかを検討し決めることは，ソフトウェア開発者にとって重要な事項である．一方で，ソフトウェアの構成や構造は，顧客にとっても，彼らの求めているソフトウェアがどのように実現されるのかという点から重要な意味合いをもっている．この点において，ソフトウェア設計は開発者とともに顧客にとっても極めて重要な情報である．

このため，ソフトウェア設計の前半では，ソフトウェアを顧客の立場からみた場合を中心に，どのような形でソフトウェアを構成するかを検討し決定する**外部設計**を行う．外部設計の結果は外部設計書として整理し，顧客に開示して確認を取る*．なお，外部設計ではソフトウェアの内部の詳細なロジックなどには言及しない．

＊企業間で開発プロセスを分割して開発する場合には異なる

ソフトウェア設計の後半では，外部設計の結果をもとに，ソフトウェアのより詳細かつ具体的な構成や構造を検討する．この作業を**内部設計**という．内部設計ではソフトウェアを構成する要素や部分を厳密に洗い出し，それらがどのような関係にあるかを検討し整理する．また，それぞれの構成要素についても，それらがどのような内部構造をもつかについて，処理ロジックやデータ構造なども含めて検討し決定する．内部設計の結果は内部設計書として整理し，開発組織内で，プログラム実装を進める際のベース資料として参照利用される．

2. ソフトウェアの全体と部分

通常，ソフトウェアは，モジュールやクラスなどを複数組み合わせて1つのまとまった機能を実現する要素（タスクなど）が形作られ，それらの要素が複数合わさることで実現される．この点において，ソフトウェアの設計表現では，ソフトウェア全体に関する構成・構造とソフトウェアを実現する個別要素内部の構成・構造という2つの視点粒度が存在する．

特に近年，ソフトウェアの大規模化に伴い，ソフトウェア全体を俯瞰した場合にソフトウェアがどのような部分から作られ（構成），それらがどのように関係しているか（構造）かを整理し考える**ソフトウェアアーキテクチャ**に対する重要度が増している．

6.4　外部設計と内部設計

1. 外部設計

外部設計とは，開発しようとしているソフトウェアの概略の構造や構成を検討し決定する作業である．一般的に，外部設計では以下に示す事項を検討する．

① ソフトウェアとその外側がどのようなインタフェースでつながれるか

② ソフトウェアで実現する機能が，どのような構成要素（サブシステム，ユニット，モジュール，クラスなど）によって組み上げられるか（図6.4）

③ 各構成要素間でデータや情報，制御の流れがどのようになっているか

④ ユーザがシステムと直接，接する画面などのユーザインタフェースがどのようになるか

なお，多くの情報システムでは，システムを構成するハードウェア要素はOS以下に隠蔽されている．このため，情報システムに搭載されるアプリケーション・ソフトウェアのインタフェースとしては，他のアプリケーション・ソフトウェアあるいはデータベースソ

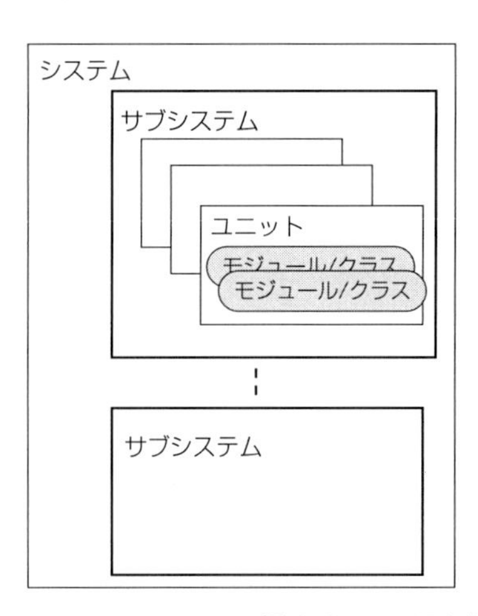

図6.4　システム構成階層

フトなどのミドルウェアとのインタフェースとなる場合が殆どである．

外部設計はソフトウェアの概要や外形上についての検討が中心となるため，その一部は第5章で紹介したシステム設計で検討した内容も取り込んで整理する場合が多い．外部設計の結果は，図6.5に示す外部設計書に整理する．

このようにして作成した外部設計書は基本的にソフトウェアの要件仕様書や上位のシステム設計書，システム仕様書などに記載された内容と齟齬が生じていないことを，レビュー作業などを通して確認しなければならない．また，開発者は外部設計書を用いて，どのような考え方でソフトウェアを開発しようとしているかを顧客に説明し，確認を取らなければならない．

- ソフトウェアシステム全体構成
  - ユーザの設定
  - ソフトウェアシステムの主機能，非機能の実現方式
  - ソフトウェアシステム方式
- サブシステム設計書
  - 機能概要
  - 業務と機能の関連
  - 業務オペレーション
  - サブシステム間のインタフェース
- データテーブル設計書
  - ファイル設計
  - データ設計
  - 外部データとの連携
- ネットワーク設計書
  - システム接続構成
  - プロトコルなどネットワーク方式
  - ネットワークトラフィック見積り
- ユーザインタフェース設計書
  - 画面デザイン
  - 帳票デザイン
- システムセキュリティ設計

図6.5　外部設計書目次

2. 内部設計

内部設計とはソフトウェア開発を担当する組織内で，ソフトウェアの構造や構成を詳細に検討する作業である．この場合の構造や構成の検討については，ソフトウェア全体を俯瞰した構成や構造と共に，ソフトウェアを構成する各要素の内部の処理ロジックや制御ロジックの検討までも含んでいる．

ソフトウェア全体については次節で紹介するソフトウェア・アーキテクチャの検討が中心となる．また同時に，ソフトウェア内部での動きや詳細要素の関係を決める作業も必要となる．

また内部設計ではソフトウェア内で利用するデータの記録場所としての変数定義のもととなるデータ構造やそれらのデータの処理手順を決めるアルゴリズム設計なども行う．なお，このようなソフトウェア内部の詳細を検討決定する作業を詳細設計と呼ぶ場合もある．具体的には，

- ソフトウェアの個々の機能を実現するため，プログラムやモジュールなどの詳細要素を抽出・分割し，その関係も含めて整理する
- 各要素がハンドリングするデータを洗い出し，ファイルやデータベース内でのデータの構造（スキーマ）を設計し，最終的にプログラム内のデータ構造にも反映させる
- ソフトウェアに対するデータの入出力について，入出力デバイスや入出力の形式などを決定する
- 画面を含めたユーザインタフェース周辺についても，具体的な画面レイアウトやイメージも含めて検討する

などを検討決定する．

内部設計の結果は，図6.6に示す内部設計書に整理する．内部設計の最終目標は，内部設計書を参照すれば「プログラムが書ける」くらいの情報粒度まで細部にわたって検討しておくことが求められる．また，内部設計書はソフトウェア要件や外部設計をもとにソフトウェアとしての実現方法を記載したものであるため，あくまでもソフトウェア開発組織内の内部文書としての位置づけとなり，通常，顧客による確認などは行わない．

モジュール設計書
　　モジュール構成図
　　個別モジュールの処理フロー
内部データ設計書
　　内部データ形式
　　モジュール間でのデータ受け渡し方式
通信プロトコル設計書
　　通信プロトコル
テーブル設計書
　　データベースのテーブル設計
　　データの正規化
ユーザインタフェース設計書
　　画面詳細レイアウト
　　入出力フォーム定義
セキュリティ設計書
　　暗号化方式
　　ユーザ認証方式

図 6.6　内部設計書に記載する項目

6.5　ソフトウェアの構造

ソフトウェアの全体を俯瞰した設計では，
① ソフトウェアを構成する部分・要素の決定
② 各部分・要素間の関係付け
が極めて重要な検討事項である．それらのとらえ方は立ち位置や視点によって様々であるが，それらはソフトウェア構造という概念の中で考えていくことができる．

1. ソフトウェアの構造

ソフトウェアはプログラミング言語によって作成された様々な構成ユニットやモジュールを組み合わせて構築される．そして，それらの要素が時間経過の中で，一定の規則性をもって多様な動作を実現するという性質を有している．これらの性質は，ソフトウェア設計において，ソフトウェアの**静的な構造**と**動的な構造**という概念で整理される．

静的な構造とは，ソフトウェアの構成ユニットやモジュールなど

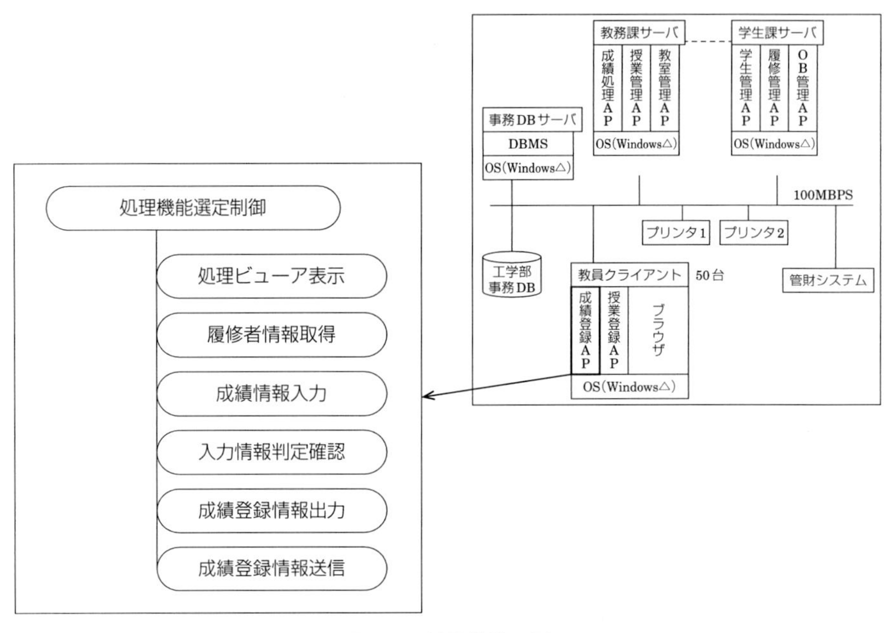

図6.7　静的構造の例

の構成要素がどのような関係をもって組み上げられていくかという視点であり，基本的に時間が経過しても変化しない構造である．例えば，第5章で紹介した大学の成績管理システムの場合，教員用クライアントに搭載する成績登録アプリケーションでは，図6.7に示すように履修者情報取得，成績情報入力，入力情報判定確認，成績登録情報出力，成績情報登録送信という5つの構成要素からできていることが読み取れる．これらの構成要素間の関係は時間経過の中でも変化しない関係をもっている．

一方，動的な構造とはそれらの構成要素がソフトウェアが動作する中で呼び出されたり，データを引き渡されるなどして一連の機能が実行されていくことにより，時間とともに関係が変化する構造である．例えば，上記の例において，クライアントに提示する画面の表示内容は図6.8のように変化していく．クライアントの初期画面は，ユーザが起動をかけた状態では初期画面を表示するが，成績登録メニューを選ぶと，成績入力対象授業指定画面に切り替わる．さらにその画面内で，履修者情報取得を指定すると，サーバ側から履

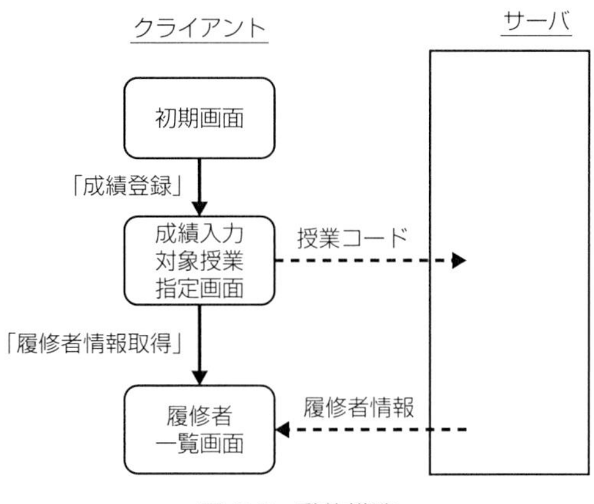

図 6.8　動的構造

修者情報が提供され，画面上に履修者一覧が表示されるようになる．このように，クライアント画面では，クライアント側が保持する情報のみで画面を構成する状態やサーバから受けた情報をもとに画面を構成する状態などが，時間やユーザ操作に伴って変わっていく．

このようにソフトウェアの構造設計では，ソフトウェアの静的構造と動的構造の両面を検討・決定しなければならない．特に，静的構造を考える上では，ソフトウェア―タスク―モジュール/クラスというソフトウェアを構成する要素の粒度や，時としてそれらの階層構造なども意識しておかなければならない．

2. ソフトウェア・アーキテクチャ

ソフトウェア全体としての在り方や構造を**ソフトウェア・アーキテクチャ**という．また，ソフトウェア・アーキテクチャは，開発対象となるソフトウェアの全体構造という位置付けだけではなく，そのソフトウェアについての骨格となる根幹構造をなす場合が多く，ソフトウェアの静的構造と動的構造の両面が含まれる．

ソフトウェア・アーキテクチャは開発するソフトウェアの機能・サービスの実現の仕組みを与え，結果的にソフトウェアを構成する各部の構造までにも影響する場合も多い．さらにソフトウェアとしての性能や品質などを決定づける場合も多く，極めて重要な設計要素である．

(a) SV分離の概念

設計要素としてのソフトウェア・アーキテクチャを考える場合，ソフトウェアの変更可能性への配慮が必要となる．ソフトウェアの中にはすでに既存の設計資産やソフトウェアが存在し，それらを利用して新たな機能を実現したソフトウェアを開発する場合も多い．このような開発においては，既存のソフトウェアの一部に手を加える形となるが，その際に，変更が入る部分と入らない部分が存在することになる．**SV分離**とは，図6.9に示すようにソフトウェア・アーキテクチャのレベルで，将来的に変更の入る部分とそうでない部分を構造的に明確に区分しておく考え方である．

SV：Stable/Variable

例えば，大学の成績管理システムを考えた場合，教務課サーバに搭載する3つのアプリケーションの中で，教室管理アプリケーションは大学内の教室など施設面の改変がない限りは変更が入る可能性は低い．一方で，授業管理アプリケーションや成績管理アプリケーションについては，学科や授業の改変，あるいは成績管理方法の見直しなどに伴うアプリケーションのメニューや処理追加の可能性は少なくない．このため，教室管理アプリケーションに比べ，授業管理プリケーションや成績管理アプリケーションは，メニューや処理ロジックの組み立てなどにおいて，より柔軟に変更に対応できるような形を前もって考えておく必要がある．

また，図中に見られるように，画面描画などは基本的に機能によらず同一の見た目（画面フレーム）に統一したほうが高い操作性が得られる．このため，画面表示などを担うユーザインタフェース（UI）は独立したソフトウェア要素にまとめ，個別の機能処理の影

UI：User Interface

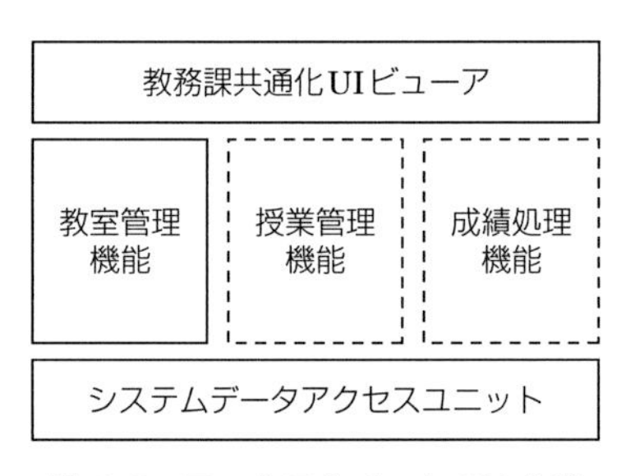

図6.9　アーキテクチャとSV分離

響を受けない形にしておくとよい．

(b) アプリケーションフレームワーク

再利用などをベースにした同一分野のソフトウェア開発が継続的に続けられる場合，それらのアーキテクチャがしっかりとしていれば，それをもとに実装されたソフトウェアをその分野の標準的なソフトウェアと位置付けて利用し続けることができる．アプリケーションフレームワークとは，このようなある特定分野のアプリケーションに関する根幹構造と基本機能を有するソフトウェア・ライブラリである．ソフトウェア開発を進める際に，将来的なビジネスルールの変更やビジネス領域の拡大も視野に入れ，それらを支えるソフトウェアの機能拡張なども考えたアプリケーションフレームワークを構築しておくことは，品質・信頼性や開発の効率向上の上からも極めて有用なアプローチである．

6.6 ソフトウェア・アーキテクチャの設計

1. アーキテクチャ設計の視点

ソフトウェア・アーキテクチャについては，

① 実行時の性能への影響

② ソフトウェア品質への影響

なども考慮して決定していく（図 6.10）．

(a) 実行時の性能への影響

ソフトウェアが提供する機能が複数あり，そのために多数の構成要素が関連動作する場合，ソフトウェア内でそれらをどのように割り付けるかでソフトウェアの実行性能は大きく異なってくる．例えば，計算機内に保持された情報を検索・抽出する機能を考えた場合，検索のための条件「入力」，結果「出力」，「検索」の３機能を

A. １つのソフトウェア内ですべての機能を実行させるアーキテクチャ

B. 「入力」「出力」を担うソフトウェアと「検索」を行うソフトウェアを別個に分けたアーキテクチャ

の２タイプを考える．Ａに比べＢはソフトウェア間でのデータ受

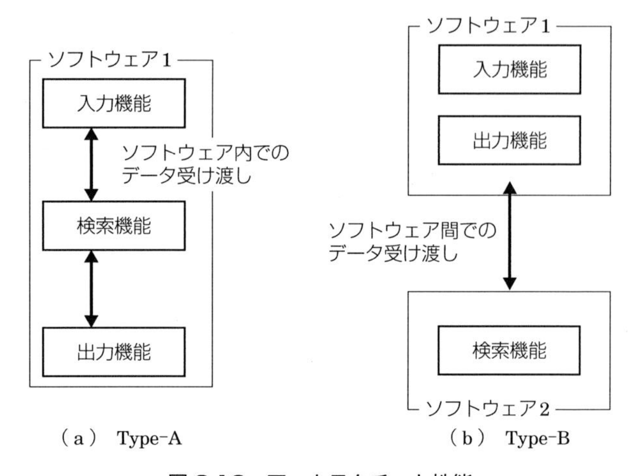

図 6.10　アーキテクチャと性能

け渡しを必要とする．このため，「検索」アイテムが多くデータ量が多い場合には，アーキテクチャとしては実行性能面からはタイプBは必ずしも有利とはいえない．一方で，1つのソフトウェア内ですべての機能実現を図るAの場合，ソフトウェアの実行開始から終了までの時間はかかるため，オペレーティングシステムなどによる処理の優先度メカニズムを十分に活用できないといった場合も考えられる．このようにソフトウェア構造を考慮した場合に，どの処理，どの機能を実現するソフトウェア構成要素を，どのソフトウェアに割り振るかを検討しなければならない．また，複数のアプリケーションソフトなどを用いて，システムを利用する場合には，アプリケーションソフトウェア間のデータの引き渡しについても慎重に吟味する必要がある．

(b) ソフトウェア品質への影響

ソフトウェアのアーキテクチャは，ソフトウェアの品質にも大きな影響を及ぼす．例えば，図6.11に示すように，第1章で紹介した歯科医院向け診療支援システムで，患者氏名や患者IDなど患者情報を扱う「患者情報処理機能」と個別の診療アイテムごとの診療報酬を算出する「診療報酬処理機能」について考えてみる．ソフトウェアの実装方針として，

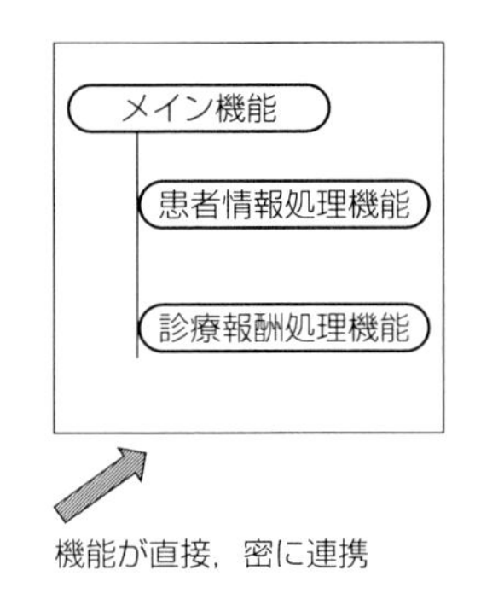

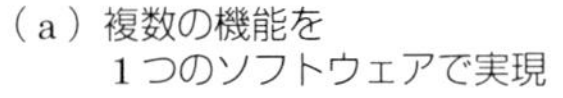

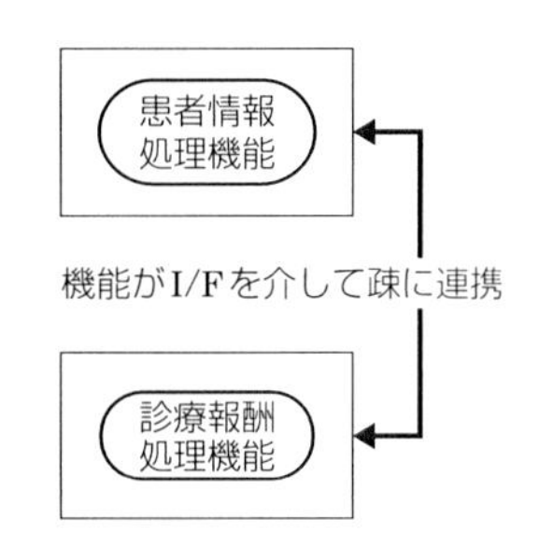

（b）複数の機能を
別個のソフトウェアとして実現

図6.11　アーキテクチャと保守性

A：これら2つの処理機能を1つのソフトウェア内にまとめて実装

B：それぞれを別個のソフトウェアとして実装

という2つの方針が考えられる．Aの方針をとる場合には，2つの機能間のデータ受け渡しは，ソフトウェア内でのデータ受け渡しが中心となるが，Bの場合には，ソフトウェアをまたぐ形でインタフェースを明確に定義しなければならない．さらに，これら2つの機能のうちの片方，例えば患者情報処理機能の中で新たに機能変更が入る場合を考えると，前者は同一のソフトウェア内で実装されている「診療報酬処理機能」にまで変更の構造的な影響が及ぶ可能性がある．一方，Bの場合には，それぞれの機能が独立した別個のソフトウェアとして実装されており，その間で明確なインタフェース定義がなされているため，一方の機能が変更されたとしても，その影響が直接的に他方の機能に及ぶ可能性を低く抑えることができる．

このように，例えばソフトウェアの保守性という品質要素を考えた場合，ソフトウェアが提供する機能の将来的な変更の可能性なども考慮し，将来的に変更の可能性がある機能や部分と，将来的に変更が入らないと思われる機能や部分を，構造的に明確に分離しておく（SV分離）といった構成を考えておく必要がある．

2. アーキテクチャ検討のポイント

ソフトウェア・アーキテクチャを検討し設計する場合には，以下の６つの点を考慮する．

① ソフトウェアが提供する機能と，それらの処理・実行の流れ
② ソフトウェア内外でやり取りするデータ・情報の種類と通信の形態
③ 個々の機能や処理の規模および求められる処理性能
④ ソフトウェア全体としての処理・機能の一貫性
⑤ 将来的な機能拡張の見通し
⑥ 入手可能，再利用可能なソフトウェアやソフトウェア部品

これら６項目を踏まえ，開発するソフトウェアの利用者，利用形態，利用期間，およびソフトウェア開発に割くことのできる開発期間，開発コストなども含め，ソフトウェアおよびその開発において何を重視するかを明らかにしなければならない．特に，開発対象であるソフトウェアについては，その応答性，修正の容易性，使い勝手なども十分に検討しておく必要がある．

また，ソフトウェア全体の見通しを良くするために，ソフトウェアをその機能や実施レベルに応じた階層構造を持たせたり，前述のSV分離の考え方に基づいた構成要素の分割など，構造面での工夫も合わせて検討する．

3. アーキテクチャ検討の手順

ソフトウェア・アーキテクチャの検討・設計は下記の３ステップで行う．

Step–1：機能面からのアーキテクチャ検討

ソフトウェア要件定義で決定したソフトウェアの機能面，非機能面での要件定義書をもとに，それらをソフトウェアとして実現するための具体的な構成要素（関数，クラス）について，静的な構造と動的な構造を中心に，各構成要素間の関係を検討する．

Step–2：品質特性面からの評価

上記で検討した構造をソフトウェアの品質特性面から評価する．品質特性には第４章で紹介した機能性，信頼性，保守性，効率性，使用性，移植性の６つの側面が含まれる．特に，個々での評価では

実現するソフトウェアとして，どのような品質側面が重視されるかを考慮し，それに応えることのできる構造になっているかどうかを評価し検討していく．

Step-3：アーキテクチャの決定

機能面，品質面それぞれからの検討や評価を踏まえ，最終的なソフトウェア構造としてのアーキテクチャを決定する．なお決定したアーキテクチャは，ソフトウェアの構造図として，構成部分と全体との関係が鳥瞰できるように図などで整理しておく．

6.7 ソフトウェア設計の仮決め

ソフトウェアの設計では，すでに説明した通り，ソフトウェア要件定義書に記載された要件を満足させる構造や動きを検討する．設計作業としては，1回の作業ですべての要件を満足するような設計を決定すべきであるが，要件そのものの曖昧さの問題やシステムの構成要素が複雑に関係し合う場合なども現実には考えられる．この場合，「設計の仮決め」という考え方も必要になってくる．

「設計の仮決め」とは，現状与えられている要件や制約条件をもとにソフトウェアの構造や動きを仮決めし，暫定の設計案として位置付けるものである．また，一部の要件については，様々な事情によって，実現方法を決めきれない場合などもある．この場合，ソフトウェア設計の一部が未確定の状態となることもある．もちろん，このような設計の暫定案や未決定項目は少ないに越したことはなく，極力，こうした状況にならないように，設計作業内で議論や検討を尽くさなければならない．しかしながら，やむを得ず，このような現実的な対処をする場合には，その理由やその先の設計確定時期の見通しなどを厳密に確認する．

また，仮決めした設計案や未確定要素を含む設計案については，「暫定案であること」や「未確定である事項」を暫定の設計書内に明記しなければならない．そして，その先の検討を進めていく中で，これらの項目についての実現方法が決定した時点で，設計案をバージョンアップし最終確定を行う．

演習問題

問1　第1章に紹介した歯科医院向け診療支援システムにおいて，6.4節1項の①〜③に述べた事項を参考に，外部設計書に盛り込むべき事項を整理しなさい.

問2　同じ事例について6.6節2項の②で述べた，システム内外でやり取りするデータ・情報をリストアップしなさい.

第7章 ソフトウェア設計－全体構造の設計

ソフトウェアの設計ではソフトウェア全体構造の設計と，個々の部分に関する細部の設計という２面性をもっている．特に，近年の情報システムのように大規模で複雑なソフトウェアによって構成されるシステムの場合，ソフトウェア全体を俯瞰した設計は極めて重要である．第７章ではソフトウェア全体構造の設計についての基本的な検討の進め方などを紹介する．

7.1 ソフトウェア全体構造の設計視点

1. 対象ソフトウェアの特性

ソフトウェアは物理的にはプログラムコードとデータの融合体である．その設計について，ソフトウェアが果たす役割の視点から見ると，図 7.1 に示すような 4 つのタイプに分類することができる．

タイプ 1：データとそれに対する処理を中心としてとらえたほうが考えやすいソフトウェア

タイプ 2：提供するサービスや機能を中心としてとらえたほうが考えやすいソフトウェア

タイプ 3：システムを構成するモノや人を中心にとらえたほうが考えやすいソフトウェア

タイプ	基本的な考え方	典型的なソフトウェア	適した設計の考え方
タイプ1	データ処理を中心に考えたほうが考えやすいソフトウェア	会計処理ソフトウェア 成績処理ソフトウェア	データ指向設計
タイプ2	機能を中心に考えたほうが考えやすいソフトウェア	図書貸し出し管理ソフトウェア	機能指向設計
タイプ3	システムを構成するモノや人を中心に考えたほうが考えやすいソフトウェア	大学内事務支援ソフトウェア 歯科医院向け診療支援ソフトウェア	オブジェクト指向設計
タイプ4	実世界のモノや情報の状態変化や，それに伴う処理や画面の遷移を中心に考えたほうが考えやすいソフトウェア	状態監視ソフトウェア 観光案内ソフトウェア	状態遷移設計

図 7.1　ソフトウェアのタイプ

タイプ 4：実世界にあるモノや情報の状態変化と，それに伴う処理や画面上の見せ方などの切り替え（遷移）を中心にとらえたほうが考えやすいソフトウェア

タイプ 1 のソフトウェアは例えば会計処理などで，「1 日ごとの売り上げデータ」を起点として，月次の売り上げ，期毎の売り上げなどを集計していくといったデータの集計や変換に重きが置かれるタイプのソフトウェアである．一方，タイプ 2 のソフトウェアでは図書の貸し出し，返却や登録などある企業やビジネスにおける業務が中心となるソフトウェアである．また，タイプ3は教室管理担当，授業履修担当，成績管理担当などのように業務の主体としての人や組織，あるいはそれに付随する成績管理台帳などのモノを念頭に置いたほうが考えやすいタイプのソフトウェアである．タイプ 4 のソフトウェアは様々な情報を監視するシステムなど，実時間の中で対象物やそれらがもつ情報や状態が変化していき，その変化に呼応した情報の処理や表示に重きが置かれるソフトウェアである．

どのようなタイプのソフトウェアであっても，設計ではソフトウェアの静的な構造と動的な動き（振る舞い）を決める点は同じである．しかし，このように設計対象とするソフトウェアのタイプによって，タイプ 1 の場合にはデータ指向設計，タイプ 2 は機能指向設計，タイプ 3 はオブジェクト指向設計，タイプ 4 は状態遷移設計などのように利用する考え方や設計の表現方法は以下に述べるように

異なってくる．

その一方で，1つのソフトウェアシステムであっても，様々な特性を併せもつ場合がほとんどであることを考えると，これらの手法をソフトウェアの部分によって使い分けたり，同一の部分であっても見方を変えて複数の設計手法を使って考えるなど，柔軟に検討しなければならない．

7.2 データ指向設計：データ・情報を中心にしたソフトウェアシステムの設計

1. 処理プロセスを中心に考える設計

小売店を始めとする様々な業種で行われる売り上げ情報や仕入れ情報の管理といった業務では，売上伝票などの帳票類を計算機上で管理し，そこに記載されたデータはそれぞれの業態や業務毎に用意されたビジネスアプリケーションを利用してビジネスデータに加工処理され利用される．このようにビジネス上で様々な帳票類などに表記される多種多様なデータや情報を加工処理していくタイプのソフトウェアでは，データフロー解析を基にした設計が適している．

(a) DFDの基本表現

データフロー解析とは，ビジネスシステム上で利用される各種のデータ・情報が，システム内でどのように加工処理されていくかを検討し表現する方法であり，**処理プロセス中心設計**（POA）の代表的な設計手法の一つである．図7.2に示すように，このタイプのシステムでは通常，処理対象のデータが何らかの方法で与えられ，それらのデータが逐次処理されていく．データフロー解析ではデータとその処理を中心に「源泉」「吸収」「プロセス」「データフロー」「データストア」の5要素を考え，**データフロー図**（DFD）を用いて整理していく．

POA：Process Oriented Approach

DFD：Data Flow Diagram

源泉：最初のデータの出し手をデータの源泉と呼び矩形で表現する

吸収：最終的に加工処理されたデータが行きつく先をデータの吸収と呼び，矩形で表現する

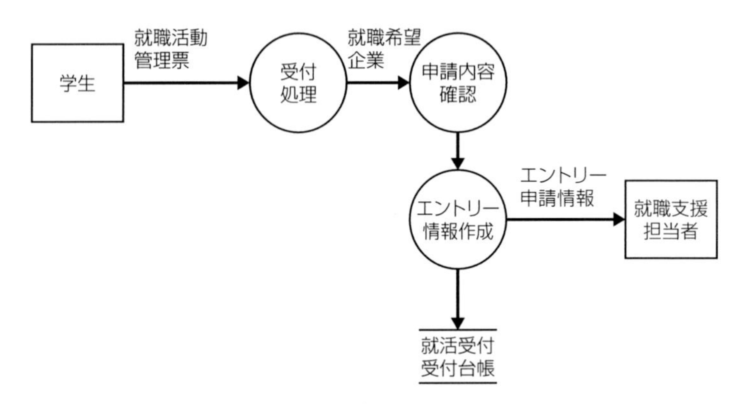

図7.2　データフロー図

プロセス：与えられたデータはシステム内で合計や平均を求めるなどの処理が施されるが，システム内で行われる処理をプロセスと呼び円形で表現する

データフロー：プロセスを実行するためには，あるデータが入力として与えられ，そのデータを処理し，その結果をさらに次のプロセスに引き渡す．この一連の動作により，システム内での処理が順次進んでいき，システムによる情報処理が実現される．この源泉あるいは吸収とプロセス間あるいはプロセス同士のデータの流れ（やり取り）は矢印で表現する

データストア：プロセスにより処理されたデータは時にファイルなどの形でシステム内に保持される場合がある．このようなデータ保持をデータストアと呼び，二重線で表現する

図7.2はある大学の就職活動支援システムの一部をDFDで記述したものである．このシステムの場合，就職を希望する学生がデータの振り出し元（源泉）となり，「就職活動管理票（データ）」を記載し提出する．提出された管理票は「受付処理」が行われ，就職を希望する学生，就職希望企業などの情報が，最終的なデータの行先（吸収）である大学の就職支援担当者に送られることを示している．また，受付処理された情報は，「就活受付台帳」に記録されることも読み取れる．このようにデータが重要な役割をもつシステムでは

DFD を使用した設計が第 1 選択肢となる．

(b) DFD の階層化

図 7.2 のように非常に簡単なデータの処理の場合，DFD で表現されるデータやプロセス数も限られた数になる．しかし，実際のビジネスを支える業務システムでは，扱うデータや情報，それらの処理内容は多岐にわたる．このためこうしたシステムの DFD を表現する場合，1 枚のフロー図では表現しきれない場合が多い．このような場合には DFD の階層化が利用される．DFD の階層化とは，データフローやシステムの処理機能を階層的に表現するもので，上位階層では，いくつかの処理やプロセスなどを一纏めにして，やや抽象的なレベルで整理する．上位階層で表現されたプロセスについて，その詳細かつ具体的な部分については，各プロセスを展開する形で下位階層のデータフローとして整理していく．

階層化表記されたデータフロー図の最上位はコンテキストダイヤグラムとも呼ばれる．コンテキストダイヤグラムでは，システム全

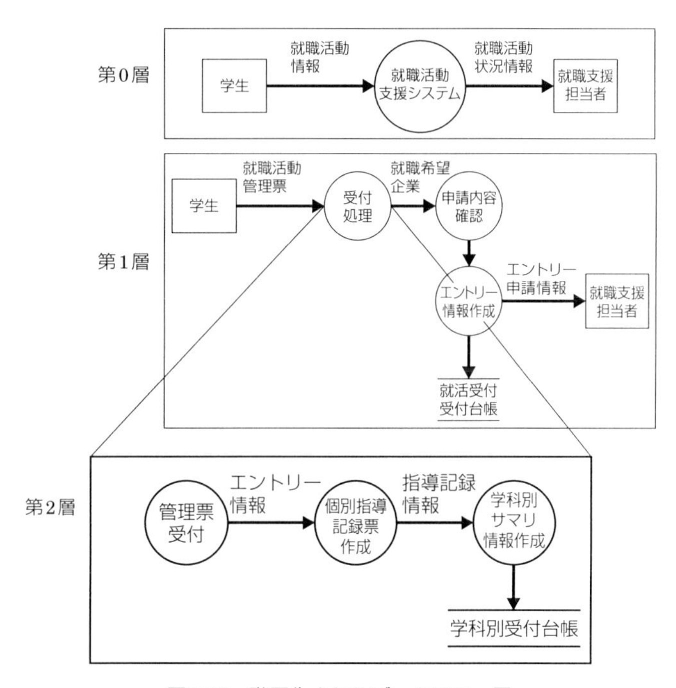

図 7.3　階層化されたデータフロー図

体を俯瞰して，システム全体として見た場合のデータの振り出し元（源泉）と最終的に処理したデータが行きつく先（吸収），システムが提供する代表的な処理機能（プロセス）を明示する．

例えば，図7.3では第0階層であるコンテキストダイアグラムでは，このソフトウェアシステムが学生と就職指導担当者を就職活動支援業務という機能でつなぐソフトウェアシステムであることが読み取れる．コンテキストダイヤグラムで記載された「就職活動支援業務」は第1階層以下でさらに具体化され，「就活管理票受付」「個別指導記録票作成」「学科別サマリ情報作成」という3つの処理が順番に実行されていくことが読み取れる．学科別サマリ情報では，学科別就活台帳に就職希望調査票を提出した学生の学籍番号，氏名，就職希望企業などの情報が追記されファイリングされていくことも表現されている

2. データ中心設計

情報システムでは前述のデータフロー分析からもわかるように，様々なデータが加工処理され，その多くはデータファイルなどの形で計算機の内部・外部記憶に保存される．計算機の記憶領域やデータストレージに記録されたデータファイルはシステムで行うデータ処理の際に必要に応じて読みだされたり書き換えられたりする．しかし，このデータサイズが大きい場合，

① ファイルアクセスに要する時間がかかる

② 非常に多くの記憶領域を必要とする

といった問題が顕在化してしまう．特にソフトウェアが様々なデータやデータファイルを扱う場合，それらのデータを出発点としてソフトウェアシステム構造を設計したほうが考えやすい場合も多い．この際に利用される手法の1つが，**データ中心設計**（**DOA**）である．

DOA：Data Oriented Approach

DOAでは，

Step-1：システムが扱う業務を分析し，そこで発生したり利用されているデータを抽出する

Step-2：洗い出したデータをどのような単位・集合（ファイル）としてまとめておくと良いかを考える

ER図：Entity-Relationship Diagram

Step-3：各データのまとまり間の関係をER図などを用いて明

確にする

Step-4：データの重複やデータ間の参照関係を考慮し，データを正規化する

Step-5：各ソフトウェアでのデータの利用や処理を考え，データとそれを利用する機能の対応付けを行う

Step-6：データの物理的な配置を決める

といった手順で，システム内のデータ配置を中心とした構造と処理を検討していく．

(a) データの抽出と整理

図 7.4 は大学における学生情報の管理業務を対象にデータの抽出を行った事例である．この例に見るように，データ抽出では組織内でどのような業務が行われており，そこでどのようなデータが発生し利用されるかをもれなく洗い出していく．データ項目の洗い出しの際には，業務仕様中の同音異義語，異音同義語や重複する用語や概念・作業なども含めてそれぞれのデータ項目の意味を確実に理解し把握しておく必要がある．洗い出したデータはそれぞれの情報の近さやまとめやすさ，処理のしやすさなども考慮し，データのまとまりとしてのデータファイルなどの形でまとめていく．

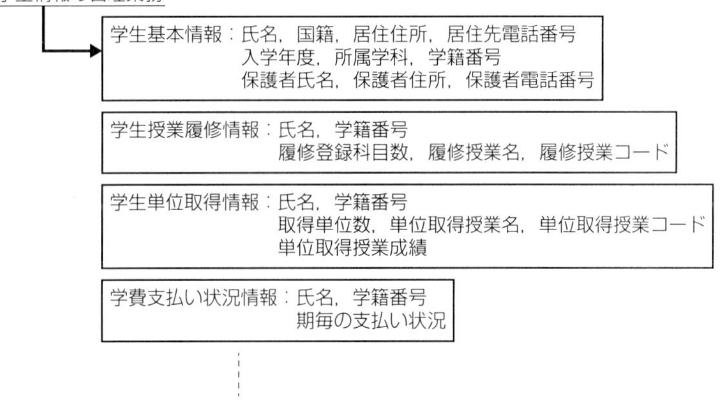

図 7.4　データの抽出

(b) ER 図によるデータモデリング

ER 図はソフトウェアシステムが関係したり扱う対象物がどのよ

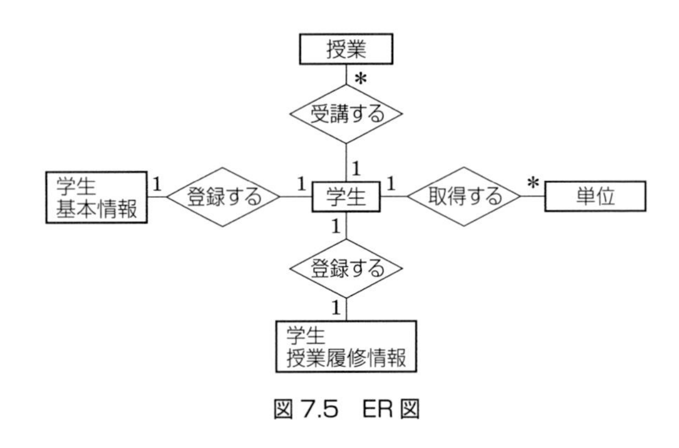

図 7.5　ER 図

うに関係しているかを表現する図である．これらの対象物は実体と呼ばれ，ER 図においては図 7.5 に示すように矩形で表現される．また，それらの実体が関係する場合には矩形間を線で結んで表現する．また相互の関係を明示する場合にはひし形を描き，その中に関係を記載する．例えば図 7.5 の例では，学生は単位を取得するという関係にある．また「学生」は一人ひとりが住所や出身校などの「学生基本情報」をもっているが，システム内では，「学生」が「学生基本情報」を登録する，という関係にあることがわかる．ER 図の記法としては実体間の関連を示す線上には，ひし形内を用いて記載された関連に関するラベルを付記するとともに，データ項目間の対応が 1 対 1 なのか，1 対多（* で表わす）なのかなどの対応のタイプを記述する場合もある．

(c) データの正規化

図 7.5 で示した大学の学生情報管理システムでは，図 7.4 に示したようにシステムで扱うデータとして，個々の学生の基本情報（氏名，学籍番号，住所など），授業履修情報（氏名，学籍番号，履修授業名，履修時限など）と修得単位情報（氏名，学籍番号，取得単位数，単位取得授業名など），学費納入情報（氏名，学籍番号，期ごとの学費支払い状況）の 4 つが整理され記述されている．これらのデータはシステム上はいずれもデータファイルとして保持管理する形となるが，どちらのファイルにも氏名，学籍番号が記録されている．このような形でファイルを保持すると，ファイルのデータフィールドとして，氏名欄，学籍番号欄が計算機上に重複してとられ

る形となり，計算機の記憶領域を無駄に使うことになる．当然，何らかの理由で氏名や学籍番号の変更が発生した場合に，重複しているファイルデータの修正が必要となり，保守の工数も増加してしまう．

こうした問題を解決するために，学籍番号，氏名の情報は「学生基本データファイル」のみに記録し，授業履修管理ファイル，取得単位管理ファイル内では，学生の特定は学籍番号のみの情報を持たせる．そして各学生の授業履修状況を確認する際には，履修状況のデータは授業履修管理ファイルから，また学生の氏名の情報は学生基本データファイルから参照し，それらの情報を融合して表示させるといった方式をとることができる．このように，システム内で重複するデータや情報を1箇所にまとめ整理する方法を**データの正規化**と呼び，DOAによるソフトウェアシステム設計では重要な概念として利用される．

(d) 機能とデータの対応付け

図7.6をもとに正規化を施してまとめられたデータファイルについて，ソフトウェアシステムで実現する機能・サービスを考え，どの機能・サービスでどのデータファイルを処理するかを検討・決定する．

		データ			
		学生基本情報	授業履修情報	取得単位情報	学費納入情報
機能	学生の基本情報を登録する	○			
	個別の学生の授業登録を受け付ける	△	○		
	個別の学生の履修表を出力する	△	○		
	個別の学生の単位取得表を作成する	△		○	
	個別の学生の単位取得表を出力する	△		○	
	学科毎の所属学生の単位取得全体状況を確認する	△		○	
	学生毎の学費納入状況を確認する	△			○

○は主として利用，△は参照利用

図7.6 機能とデータの対応付け

図7.6は図7.5に対応してデータファイルと機能の対応付けを行った例を示す．表中の機能項目については，システム化の対象業務を扱っている組織やそこでの業務を考慮して記載し，それぞれの機能でどのデータファイルを扱うかを明示していく．この表に見るように，1つのデータファイルは複数の業務（ソフトウェア機能）で利用される場合がある．

(e) データの物理配置の決定

分析によって特定されたデータファイルは，情報システム上のサーバやデータストレージに配置される．システムのサーバやデータストレージについては，システム設計の段階で，およその概要が決められている場合が多い．ソフトウェア設計では，データ中心設計によって，各データファイルをどのサーバなどに物理的に配置するかを，システム設計も考慮して，具体的に決定する．

図7.7（a）は図7.6で示したデータファイル群を経理課サーバ，

(a) データの論理的な配置

	学生基本情報	授業履修情報	取得単位情報	学費納入情報
学生の基本情報を登録する	○			
個別の学生の授業登録を受け付ける	△	○		
個別の学生の履修表を出力する	△	○		
個別の学生の単位取得表を作成する	△		○	
個別の学生の単位取得表を出力する	△		○	
学科毎の所属学生の単位取得全体状況を確認する	△		○	
学生毎の学費納入状況を確認する	△			○

学生の氏名などを表示するために常に学生課サーバーの学生基本情報を参照するのは大変

(b) データの物理的配置

<table>
<tr><th></th><th></th><th>学生基本情報</th><th>授業履修情報</th><th>取得単位情報</th><th>学費納入情報</th></tr>
<tr><td>学生課サーバ</td><td>学生の基本情報を登録する</td><td>○</td><td></td><td></td><td></td></tr>
<tr><td rowspan="6">教務課サーバ</td><td>個別の学生の授業登録を受け付ける</td><td rowspan="6">レプリケーション</td><td>○</td><td></td><td></td></tr>
<tr><td>個別の学生の履修表を出力する</td><td>○</td><td></td><td></td></tr>
<tr><td>個別の学生の単位取得表を作成する</td><td></td><td>○</td><td></td></tr>
<tr><td>個別の学生の単位取得表を出力する</td><td></td><td>○</td><td></td></tr>
<tr><td>学科毎の所属学生の単位取得全体状況を確認する</td><td></td><td>○</td><td></td></tr>
<tr><td colspan="0" style="display:none"></td></tr>
<tr><td>経理課サーバ</td><td>学生の学費の納入状況を確認する</td><td>レプリケーション</td><td></td><td></td><td>○</td></tr>
</table>

図7.7　データ配置

学生課サーバ，教務課サーバに配置する案がまとめられている．データの正規化を考慮した場合，データ項目間の関連をたどることで他のサーバにあるデータを参照利用することが可能となる．例えば，経理課の業務で各学生の学費の納入状況を確認する場合，経理課サーバには学生番号と学費支払い情報のみが保持されており，学生の氏名などの情報は学生番号をキーとして学生課のサーバにあるデータを参照する形をとることができる．データの論理的な配置だけを考慮すると，このような実装形態をとっても何ら問題はないが，実際にはサーバ間をまたいだデータ参照が繰り返されるとシステムの性能面などで支障をきたす場合がある．このため，データファイルの物理的な配置を考える場合には，データの参照頻度なども考慮したうえで，図 7.7（b）のように予めデータファイルのレプリケーション（データの写し）を必要なサーバ内に置いておくなどの構成にする場合もある．

7.3　機能を中心にしたソフトウェアシステムの設計

社会や個々の企業内で展開されるビジネスでは「商品を発注する」「会計処理をする」といった様々な業務が実施される．情報システムはこうした多様な業務を効率的に行うための道具として開発される場合がほとんどである．情報システムを考える際にビジネスの様々な局面で実行される業務を中心に考え，それらをソフトウェアで実現する機能に関連付けて設計していくのは極めて素直な方法である．

1．機能展開図による機能の関連付け

(a) 表記の基本形

一般的なビジネス組織では様々な部署を擁して大小様々な業務が実行される．このような情報システムで利用されるソフトウェアを開発するには，まず，実際の組織内で実施されている業務を洗い出し，それらをどのような機能によって効率的にできるようにするかを考えるところが出発点となる．

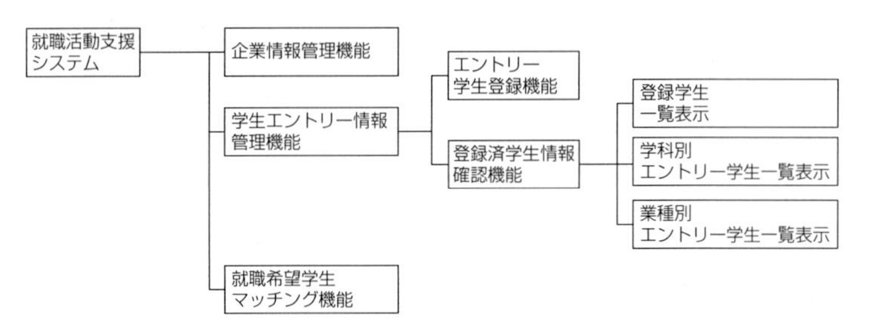

図 7.8　機能展開図

企業内の業務はシステム要件定義書を作成する段階や，それらをもとに検討されたシステム設計書の中で，システム要件あるいはシステム設計として開発者側の視点から整理されている．

ソフトウェア設計における機能中心設計では，これらの上流での検討内容をうけて作られたソフトウェア要件定義書などの情報をもとに，ソフトウェアに求められる要件をどのような要素で実現するかや，それぞれの要素がどのような関係になっているかを整理し決定していく．

このため，機能中心の設計では，まず最初に，実現する機能の関連情報を整理し検討する．この際には**機能展開図**を利用する．機能展開図は図 7.8 に示すように，ソフトウェアが提供する機能を，大機能，中機能，小機能という形で階層的に分析・整理したものである．

図 7.8 は，就職活動支援システムに関する機能展開図である．このシステムの場合，大機能として，「企業情報管理機能」「学生エントリー情報管理機能」「就職希望学生マッチング機能」の３つの大機能から構成されていることがわかる．さらに「学生エントリー管理機能」の中には，「エントリー学生登録機能」「登録済学生情報確認機能」の２つの中機能が含まれていることがわかる．また「登録済学生情報確認機能」の下位には，「登録学生一覧表示」「学科別エントリー学生一覧」「業種別エントリー学生一覧」などの小機能から構成されていることがわかる．この図のように機能展開図においては，機能を矩形で表現し，その中に機能名称を付記する．また，機能の関係については，機能の呼び出し関係を踏まえて，関連する機能を連結線で連結する．

(b) 機能展開図の利用が適したシステム

上記の例でもわかるように，機能展開図はソフトウェアで提供する機能サービスをメニュー選択方式などで選択して実行させるタイプのシステムとは比較的相性が良い設計方法である．また，同時に，C 言語などの構造化言語を利用する場合にも，その実現構造としてのモジュール，タスク，プロセスなどと，機能構造の対応関係を取りやすいといった特徴がある．

(c) 機能展開図を利用した設計

機能展開を設計に利用する場合，基本的な考え方として，トップダウンアプローチ，ボトムアップアプローチの 2 つの方法が利用できる．トップダウンアプローチとボトムアップアプローチのどちらを採用するかは，対象ソフトウェアに関する情報量や設計者の得手不得手や経験などに依存する．

〈トップダウンアプローチ〉

トップダウンアプローチとは，ソフトウェア要件定義書を入力として，それらをどのような機能によって実現していくかを考え展開していく方法である．図 7.8 の事例であれば，出発点として，「学生の就職活動を支援し管理する」というシステムの大目的を出発点に，そのために必要となる下位の機能を順次，階層的にブレークダウンしながら考えていく．

〈ボトムアップアプローチ〉

一方，ボトムアップアプローチではソフトウェア要件定義書で実現が求められる様々な要件を，ソフトウェアとして実現する機能という視点から，それぞれの関連性などを考慮し，グループ化するなどして下位の細部の機能から上位の機能へと階層的に整理していく方法である．例えば図 7.8 の場合，「学科別エントリー学生一覧」「業種別エントリー学生一覧」などの個別機能を洗い出し，それらをグループ化し，それらの上位機能として「登録済学生情報確認機能」という中機能としてまとめていく．

2. 機能の動的側面の分析と整理

ソフトウェアで実現する個々の機能は，ソフトウェアモジュールを組み合わせることにより実現される．

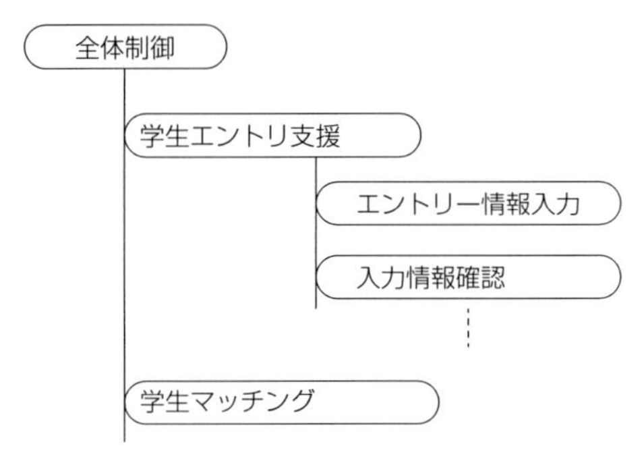

図7.9　モジュール関連図

このため，機能中心で設計を進める場合には，機能展開図よってブレークダウンされた実現レベルの細かい機能について，どのようなモジュールを組み合わせて実現するかを検討しなければならない．

また，機能実現のためには，個々のモジュールは相互に呼び出し，呼び出されるといった動的な関係をもつ．このため，これらのモジュール間の呼び出し関係なども，検討しておく．一般的なモジュールの呼び出し関係などについては，図7.9に示すような**モジュール関連図**を用いて整理する．また，オブジェクト指向設計で作成されるクラス図もモジュール関連図の表現型の一つと考えることもできる．

なお，プログラム実装までを考えた場合，これらのモジュールは，最終的にC言語の関数やJavaやC++のクラスによって実装される．ソフトウェア設計の段階では，これらの言語に依存した関数やクラス分割など実装に依存した領域までは検討しない．実際にプログラムコードとして関数やクラスを設計する作業は，ソフトウェア設計でのモジュール分割方針をもとに，プログラム設計プロセスで，プログラム実装面の制約なども考慮して設計する．

7.4　モノを中心に考えるソフトウェアシステムの設計

1．オブジェクト指向分析設計の基本概念

情報システムが対象とするビジネスなどの様々な局面では多くの

モノが関係する．例えば，コンビニの業務を考えると，

・物理的な実態をもつモノ……商品管理台帳など具体的な形をもつモノ
・役割をもつモノ………………コンビニの利用者や店員，商品を納入する納入業者など業務遂行に関わる人達
・処理の対象となる情報………商品の購入情報や予約などは物理的な形はもたないがソフトウェア内ではデータという形で表現され処理の対象となる

などをモノとして識別することができる．オブジェクト指向とは，このようにソフトウェアで扱うモノを起点として，それらの役割や関係を掘り下げることによりソフトウェアを設計する考え方である．

2．静的構造と動的構造

第6章で説明したとおり，一般的にソフトウェア構造には，静的な構造と動的な構造と2つの側面がある．オブジェクト指向における静的な構造とは，ソフトウェアの構成単位であるオブジェクト（モノやそれに付随するデータ）がどのような関係をもって組み上げられていくかという視点であり，基本的に時間が経過しても変化しない構造である．一方，動的な構造とはそれらのオブジェクトがソフトウェアの動きの中で呼び出されたり，データを引き渡されるなどして一連の機能が実行されていくことにより，時間とともに関係が変化する構造である．オブジェクト指向設計では，ソフトウェアを構成する要素の中心はクラスであるが，このクラス間の静的な構造は**クラス図**によって表現される．一方，クラスが時間経過とともに連携して動作していく様は，**シーケンス図**によって表現される．

3．モノの関連と静的構造の表現

Step-1：オブジェクトの抽出

オブジェクト指向設計では，まず，システムに関係すると考えられるモノ（物理的実体有形物，役割をもつ物，データ・情報）をソフトウェア要件仕様書から抜き出す．システムとして実現すること

を意識すると，この抽出段階でそれぞれのモノ（オブジェクト）が，

① システム上ではどのようなデータをもつか

② それぞれのデータに対してどのような処理を行う必要がありそうか

といった点も含めて考える．

Step–2：オブジェクトのグループ化

業務仕様書やシステム要件定義書からオブジェクトを抽出する場合，若干の性質の違いがあるだけで本質的には同じ仲間に属するモノが複数抽出できる場合もある．このような場合，同じ性質をもったオブジェクトは１つにまとめたほうが，システムのつくりとしては簡潔になる．

オブジェクト指向ではシステム化対象に関連するモノ（オブジェクト）について，必要なデータや処理を抽象的に整理したものをクラスと呼ぶ．通常，クラスは

クラス名＋関連するデータ＋データに関連する処理

という形で整理しておく．上述のように同じ特性をもつオブジェクトは，１つのクラスとしてまとめることができる．

Step–3：クラス図によるソフトウェア静的構造の表現

実際にシステム化の対象となるビジネスでは様々なモノが抽出でき，それぞれがシステムを形成するクラスとなる．ソフトウェアとしての実装を考えると，一つ一つのクラスは，それぞれデータやそれに付随する処理があり，実際のソフトウェアではそれらが連係・協調して動作することでソフトウェアシステムとしての機能が実現される．このため，ソフトウェア設計段階では，抽出された各クラスがどのような関係にあるかを検討し，そこからソフトウェアの構造を決定する必要がある．

オブジェクト指向では個々のクラスがどのような関係にあるかを表現するためにクラス図が利用される．クラス図では，図 7.10（a）に示すようにクラスを表現する長方形のフレーム内に，クラス名，属性（プロパティ），操作（メソッド）を表記する．またクラス間の関連は各クラス間を線で結んで表現する．

関連表現：図 7.10（b）では単純にクラス間の関係を表しており，「利用者」は「商品」を「購入」するという双方の関係を表

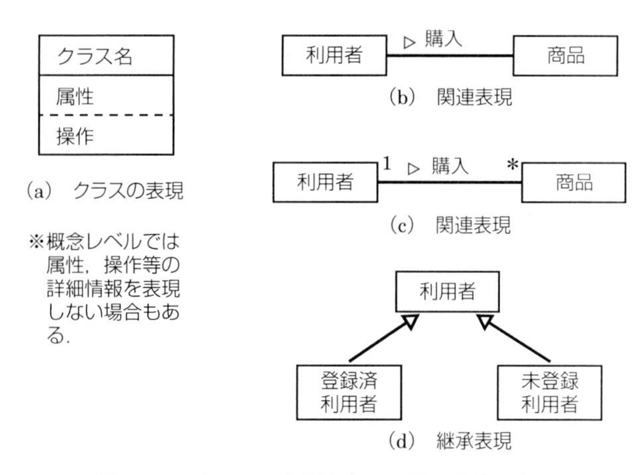

図 7.10 クラスの表記とクラス間の関連の表現

現している．

多重度表現：図 7.10（c）では「利用者」一人は「商品」を複数購入できる（∗で表現）という数的な関連も表現している．

継承：図7.10（d）では一般的な「利用者」は「登録済利用者」「未登録利用者」という2つのカテゴリがあることを示しており，このどちらのカテゴリの利用者とも「利用者」としての基本的な特性（例えば「商品を購入する」など）は備えていると解釈できる．

なお，クラス図については分析設計の初期段階では単純にクラス名だけを表記してクラス間の概念的な関係を表す概念レベルのクラス図を作成する．この概念レベルのクラス図を更に精査しクラス名だけではなく属性，操作などの詳細な要素まで書き加えたクラス図は仕様レベルのクラス図と呼ばれる．モノを中心に考えるソフトウェアの設計では，この仕様レベルのクラス図作成を設計作業のゴールとする場合が多い．

また，オブジェクト指向を用いる場合，第5章で紹介したソフトウェア要件定義段階から，システムを構成するモノに注目した分析をする場合も多く，これをオブジェクト指向分析（OOA）という．OOA ではオブジェクトに注目して概念レベルのクラス図などを作成し，その結果を，そのままソフトウェア設計の入力情報として利

OOA：Object Oriented Analysis

OOD：Object Oriented Design

用する．またオブジェクトに注目した設計はオブジェト指向設計（OOD）という．このようにオブジェト指向の場合，ソフトウェアの要求分析から設計までをオブジェクトに着目して進めることができるという特徴をもっている．

4. ソフトウェアの動き（振るまい）の設計

上記で紹介したクラス図はソフトウェアの構成要素であるクラス間の静的な関係を表現する．一方でソフトウェアでは入力された様々なデータや情報に対して処理動作が実行される．ソフトウェアの設計ではどのようなタイミングでどのような処理動作が実行され，ソフトウェアとしての機能実現が図られるかを決めていかなければならない．

クラスを中心としたオブジェクト指向設計の場合，ソフトウェアはそれぞれのクラスがもつデータに対する手続き（メソッド）の連携によってその動きが決定される．したがって，各クラスの手続き（メソッド）がどのようなタイミングで実行されていくか，その流れや順序関係を決め，表現することによりソフトウェアの動きを設計することができる．クラス間の連携動作を表現するため，オブジェクト指向設計では**シーケンス図**が利用される．シーケンス図は図7.11に示すように，図の最上段にシステムを構成するオブジェクト

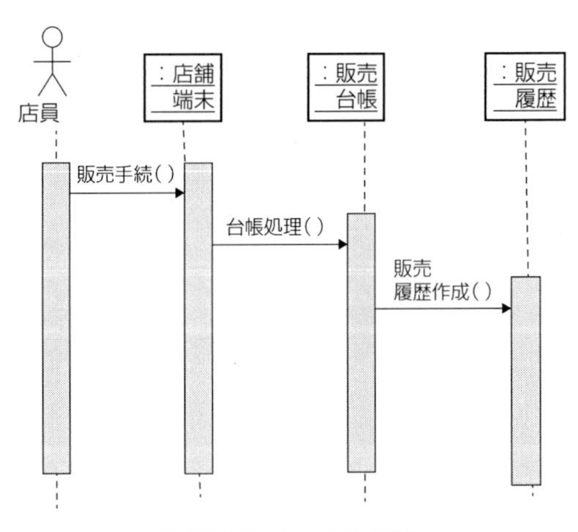

図 7.11　シーケンス図

を表記し，図の縦方向に時間軸を取って，どのようなタイミングで，どのオブジェクト（クラス）からどのオブジェクトに動作のトリガーがかけられ連携動作が実現されていくかを表現する．図 7.11 の場合，商品を購入したい利用者がコンビニの店員に商品を渡すと，

① 店員が「商品販売」の手続きを店舗管理端末に対して行うと
② 店舗管理端末では「台帳処理」が実行され
③ 販売台帳では「販売履歴作成」処理を行い
④ 販売履歴というオブジェクトに反映される

ことを示している．

この例では下線を引いた部分がすべてソフトウェアを構成するクラスであり，そのクラス間を手続き（メソッド）によって連携させることでソフトウェアとしての動作処理が実現される．このように，シーケンス図では，クラスとメソッドの関係を，相対的な時間を意識して整理表現することで，システム内のクラスの動的な連携関係を表現することができる．

7.5　制御動作を中心に考えるソフトウェアシステムの設計

1．制御動作を中心に考える場合の設計の基本概念

システムの中には様々なモノの動きを制御したり監視したりするタイプのものがある．代表的なものとしては自動車に搭載されエンジンの動きやブレーキの動作を制御する車載システムなどがあげられる．こうした制御を中心にしたシステムの多くは組込みシステムで実現されるものが多い．しかし，情報システムの中にも制御的な側面や様々なモノや情報の監視を担うものもある．

例えば，ダムの管理システムなどのように，ダムの水位を各種センサで取得し，遠隔送信を可能とするテレメータ経由で，その情報をシステムに転送し，そこでダムの監視を行い，必要に応じて放水指示などを行うシステムなどがあげられる．

このようなシステムでは，制御対象や監視対象の状態に対応して発生した情報をトリガーに制御指令などを発するものが多く，このようなシステムを**リアクティブ型システム**とも呼ぶ．リアクティブ

型のシステムの設計では**状態遷移設計**が用いられる．状態遷移設計とは，システムが様々な状態を取る場合に，それらの状態がどのようなきっかけ（イベント）で移り変わっていくかを検討し，表現する方法である．

2．状態遷移設計

図 7.12 では，ダムが「放水停止状態」にあるときに，ダム満水というイベントが発生すると，放水開始という制御指令（アクション）を発行し，「ダム放水状態」という状態に遷移することを表現している．この事例のように，状態遷移設計では，状態名を丸で囲み，各状態の移り変わり（遷移）を矢印で表現する．また遷移のきっかけとなるイベントや，イベントが発生した際のアクションなどを遷移を示す矢印上に併記する．

この例に示すように制御系システムなどで利用される状態遷移設計では，システムの状態とその遷移を中心に考えていく．システムの状態は，厳密にはシステムの内部状態を決定する状態変数の組み合わせによって定めることができる．例えば，図 7.12 のシステムで「ダム放水状態」の場合に，放水量監視フラグが立っている場合とそうでない場合まで考えると「ダム放水状態」は２つの状態に分けることができ，それぞれの状態間の遷移が存在することになる．しかし，このように厳密にシステムの状態変数を意識して状態定義を行うと，ほとんどのシステムでは状態変数の組み合わせ分だけ状態が存在することとなり，状態数が膨大になってしまう．このため，通常はシステムの処理動作を考えて代表状態としていくつかの状態をまとめて表現するといった方法がとられる．この例の場合，「ダム放水状態＆放水量監視」と「ダム放水状態＆放水量無監視」

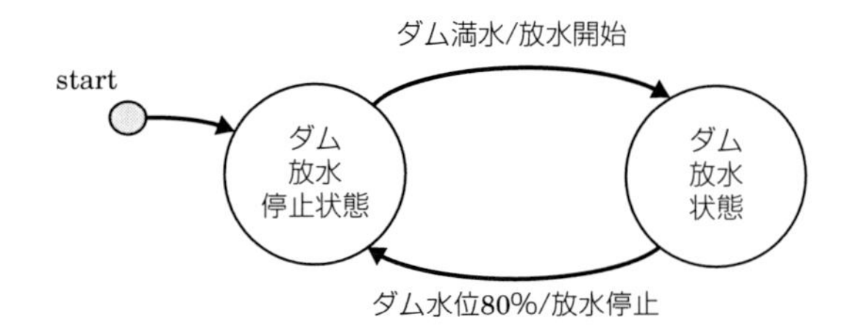

図 7.12　状態遷移図

の２つの状態が，システムとしての状態遷移を考えるうえで，あえて区別する必要がないと判断できれば，これら２つの状態をまとめて「ダム放水状態」という１つの代表状態で考えても構わない．

なお，状態遷移図の表現法としては，図 7.12 のように状態や遷移を直接的に表現する単純な表現法や，より厳密な表現法を規定した UML に含まれるステートマシン図など，いくつかの記法が利用されている．実務面では，上記で説明した状態遷移図の基本要素が記述できれば，どの記法を採用しても構わない．

また，システムの状態数が多くなると状態遷移図も複雑になってしまう．このため，DFD と同様の考え方で，状態遷移図を階層化してあらわしたり，図ではなく，表形式で表す状態遷移表を利用する場合などもある．

演習問題

問 1　第 1 章で紹介した歯科医院向け診療支援システムについて，診療カルテを中心にしたデータの動きをデータフローを用いて検討し，整理しなさい．

第8章 ソフトウェア設計–構成要素の設計

ソフトウェアシステムを構成する個々の要素については，その処理の流れやそこで扱うデータの持たせ方などを設計段階で決めておかなければならない．また，ソフトウェアの操作性を考慮して画面周りに関する詳細を設計する．第8章では，これらも含めてソフトウェア構成要素の設計について説明する．

8.1 ソフトウェア構成要素の設計

情報システムを作り上げるためには，そこで動作するソフトウェアを形作る個別の構成要素の詳細を検討し決定しなければならない．これらの構成要素の詳細検討では，処理の流れ（プログラムロジック）とそれらの処理で利用されるデータの設計，ユーザインタフェース周りの設計を中心に考えていく．ソフトウェア構成要素の設計では，ソフトウェアとしての全体構造（アーキテクチャ）を考慮して，各構成要素の詳細を検討し決定する．なお，ここで検討した構成要素の詳細を実際のプログラムとして実装するためには，第9章で説明するように，実装で利用するプログラミング言語なども考慮したプログラム設計を実施する．

8.2　処理の流れの設計

1．処理の流れとは

コンピュータによる情報処理では，論理演算，算術演算を組み合わせて，与えられたデータの加工や変換が行われる．これらのデータの加工・変換をはじめとしてソフトウェア構成要素を実現するプログラム内のデータ処理の流れや手続きを**プログラムロジック**と呼ぶ．一方，プログラムロジック内で実行されるデータの並べ替え（ソーティング）やデータの探索などの問題処理の論理的な手順はアルゴリズムと呼ぶ．通常，プログラムロジックは複数の**アルゴリズム**を含んで，ソフトウェア構成要素単位を実現するための骨組みとなる．

一般的にアルゴリズムあるいはそれらを組み合わせたプログラムロジックは「**順次処理（シーケンシャル処理）**」「**繰り返し処理**」「**条件分岐処理**」の3つの要素から構成される．またこれらのプログラムロジックの中では処理対象のデータの入力操作や読み込み操作，演算結果の出力操作やファイルへの書き出し操作なども行われる．

順次処理とは，ある手続き処理を実行したのち，無条件に次の処理を行う形態である．繰り返し処理とはある処理を実施したのちに，それ以前に実施していた処理の場所に戻り再度，前の処理を繰り返すものである．条件分岐処理とは，条件によって実行される処理内容が分かれるものである．どのようなプログラムロジックも，これら3つの処理要素を組み合わせることにより実現することができる．

2．フローチャートを用いたロジックの表現

ソフトウェア内のデータ処理は上記で述べたロジックの3要素が幾重にも繰り返され，1つの機能として実現される．このため，データ処理を考える場合には，このような複雑なロジックを**フローチャート**を用いて記述することで，その内容を確認しながら設計していく．フローチャートは様々な業務処理や手続きを表現する際に広く利用される図式表現法であるが，ソフトウェアのロジックを表現

表 8.1　フローチャートシンボル

記号	説明	記号	説明
◎	端子 フローチャートの始まり及び終わりを表す		ループの開始
◎	処理 計算，代入などの処理を表す		ループの終了
	サブルーチン 定義済みの処理を表す		入出力 ファイルへの入出力を表す
◎	判断 条件による分岐を表す		ページ内結合子 フローチャートが長くなり，ページ内で2列にするときなどに使う
	表示 コンソール上への結果の表示を表す		ページ外結合子 フローチャートを次のページに続けるときに使う

JIS X0121-1986

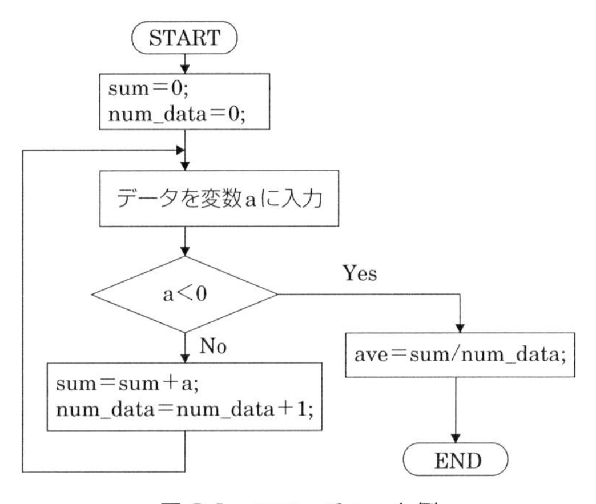

図 8.1　フローチャート例

する場合にも広く利用されている．フローチャートで利用できるシンボル（記号）は表 8.1 に示すとおりである．図 8.1 は学生のテストの成績を処理するソフトウェアにおける平均点計算のロジックをフローチャートで表現したものである．

このフローではソフトウェアが開始されると，まず，合計値（sum）とデータ数（num_data）をそれぞれ 0 として初期化する処理を実施する．そして平均を求めるデータを変数 a に入力する．入力されたデータの値が０以上の場合には，合計値（sum）に入力したデータを加え，データ数も１増やして，再度，変数 a に別のデータを入力する処理に戻る．このようにして，入力されるデータが負でない限り，この処理を繰り返すことで，入力されたデータの合計値と入力したデータの総数を求めていく．入力された値が負の場合には，この繰り返しを終了して，合計値（sum）をデータ数（num_data）で割ることで平均値を求めている．

このように，フローチャートでは，長方形の箱の中に処理や手続きを，ひし形で条件分岐を表現し，処理の流れを矢印で表現するのが基本である．フローチャートは基本的に上から下へと処理が進むように記述するが，ロジックを構成する要素の中で，繰り返し実行される部分については，処理の流れを示す矢印を上方の繰り返しの開始点につなげることで，処理を繰り返すことが表現できる．

なお，ロジックの流れを表現するという観点からは，表 8.1 中の◎をつけたシンボルを利用するだけでも，プログラムロジックのかなりの部分は表現可能である．

3. フローチャートの作成法

フローチャートは上記のように簡単なシンボルを用いて処理の流れを記述できるという点で非常に使いやすい記法の一つである．フローチャートでは順次処理，繰り返し処理，条件分岐処理というプログラムロジック設計に求められる３つの処理要素を表現することができるが，慣れないうちはロジックの細部まで考えず，大まかな処理の流れを考えるようにしたほうが考えやすい．この点から以下に示す２段階でプログラムロジックのフローチャートを作成する．

第 1 ステップ：概要フローの作成

ロジック設計の最初の段階では，条件分岐や繰り返しなどは入れずに，大まかにどのような順序でどのような手続きや処理を進めていくかを一本道で表現した概要フローを作成する．

第 2 ステップ：詳細フローの作成

概要フローレベルでおおよその処理の流れを検討した後に，各処理ステップの詳細について，様々な条件や繰り返しの有無などの細部を検討して，プログラム実装に近いプログラムロジックのフロー

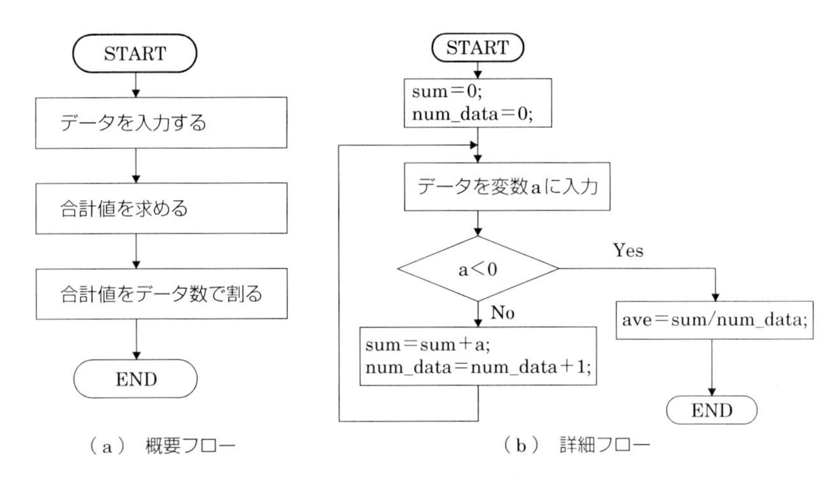

（a）概要フロー　　（b）詳細フロー

図 8.2　フローチャート作成法

チャートを作成する．

図 8.1 に示したフローチャートを作成する場合にも，図 8.2 に示すように，まず，この「平均値を求める」という一連の処理について，大きな処理の流れを考えてみる．この場合，概要フローに示すように，「データを入力」し，「合計値を求め」，「合計値をデータ数で割って平均値を求める」という 3 つの手続きが，処理の骨組みであると考えることができる．この骨組みとなるフローチャートをさらに詳細に検討すると，データの入力や合計値を求める際に，一連の処理手続きを繰り返していくという細部が加わり，図 8.2（b）に示した詳細フローを作成することができる．

なお，フローチャートを利用して処理ロジックを作成する場合，繰り返し処理などについて繰り返しから抜け出せない状況（無限ループ）に陥ることがないかや，ある条件によって分岐した先で行き止まりになる可能性がないかなどに注意する．

また作業や処理の流れの表現法としては，UML に含まれるアクティビティ図を利用することもできる．

8.3 データ設計

1. データ設計の位置づけ

ソフトウェアを構成する要素としてはプログラムのプログラムロジックとともに，そこで処理されるデータは極めて重要な要素である．ソフトウェアの構成要素としてのデータのあり方を考える作業をデータ設計と呼ぶ．通常，**データ設計**は前述のプログラムロジック設計と合わせて検討されなければならない．

2. データの保持の方式

ソフトウェア内でのデータの保持方法については，そのソフトウェアが扱うデータの量に大きく依存する．すなわち，

タイプ1：多量のデータを保持し，データの読み書きや処理を行うソフトウェア

タイプ2：比較的少量のデータに対する処理が中心となるソフトウェア

タイプ1のソフトウェアとしては流通業をはじめとする様々な企業内のデータをファイル単位で整理しハンドリングするソフトウェアの場合が多い．このような場合，データのハンドリングの利便性などを考慮してデータベースが利用される場合がほとんどである．この場合にはシステム構成上はデータ保管を専門に扱うデータベースサーバやデータストレジをもたせることが多い．

一方で，タイプ2のようにソフトウェアで扱うデータの量が少ない場合には，**データベース**などを利用することは少なく，データ保管用のデータ構造を設計し，システムのハードディスクなどにデータ保管する場合が多い．

3. プログラムにおけるデータの展開

ソフトウェアで処理対象となるデータはプログラム内では変数などを含めたデータ構造上に展開される．データ構造とは，プログラム内で関連するデータ同士をまとめて扱う考え方であり，データ構造はプログラムロジックの組み方の影響を受ける場合も少なくな

(a) 配列形式

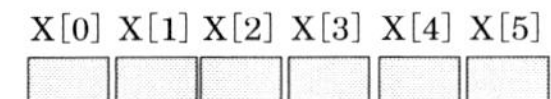

メモリ上に連番でデータ格納領域が確保される

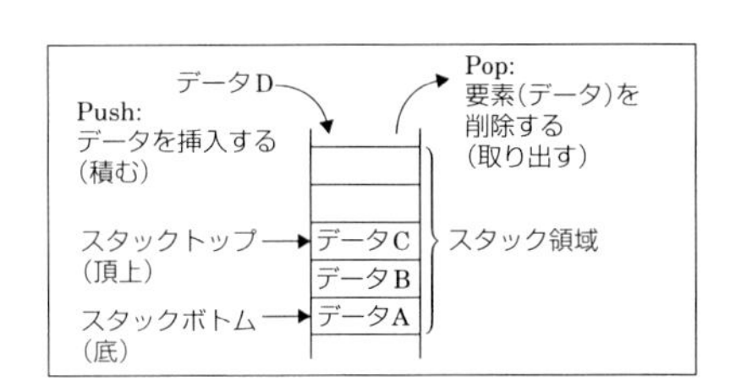

(b) スタック形式

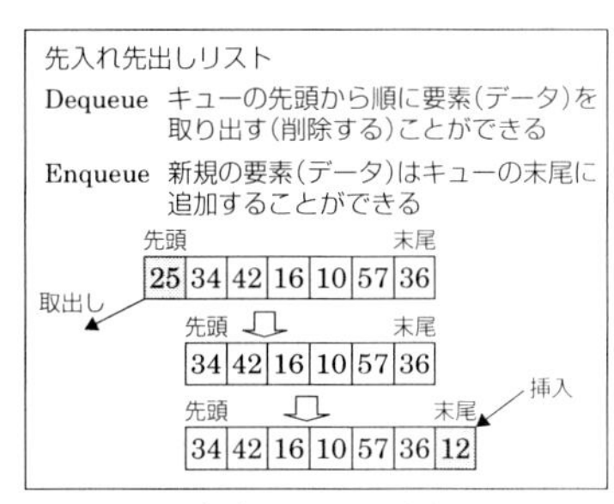

(c) キュー形式

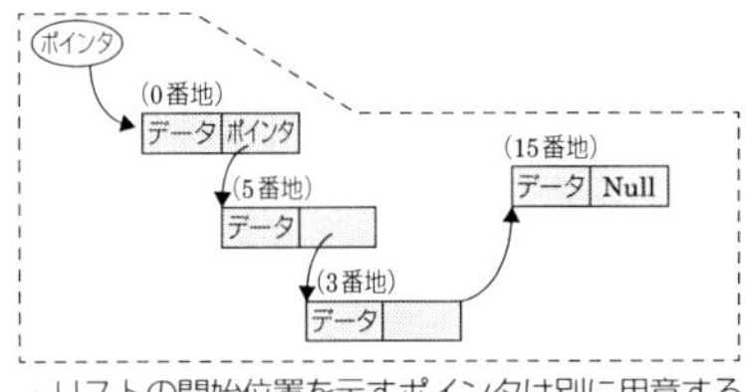

・リストの開始位置を示すポインタは別に用意する
・先頭のノードから最後尾のノードの方向にしかアクセスできない
・リストの最後尾のノードはポインタ部にはNullが入る

(d) リンクリスト構造(単方向)

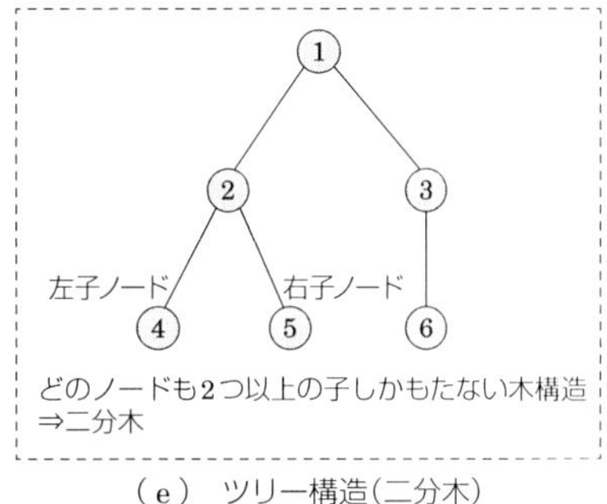

(e) ツリー構造(二分木)

図 8.3 データ構造

い. 代表的なデータ構造としては，図 8.3 に示すように,

- **配列形式**
- **スタック，キュー構造**
- **リンクリスト構造**
- **ツリー構造**

などが用いられる.

プログラム内で保持するデータの数があらかじめ決まっている場合には，配列構造などを利用する場合が多い（図 8.3 (a)). 配列は計算機のメモリエリア内に連番形式で指定した要素数分だけ記憶領域を確保する方式である.

LIFO : Last In First Out

また，スタックは後入れ先出し（LIFO）と呼ばれ，スタックに最後に入れられた（Push）データがスタック領域の最上位に置か

FIFO：First In First Out

れ，スタックから取り出す場合（Pop）の場合にスタック最上位のデータから順に取り出していくというデータ構造である（図8.3（b））．一方，キューは先入れ先出し（FIFO）と呼ばれ，キューに先に入れられた（Enqueue）データから順に，キューから順に取り出される（Dequeue）というデータ構造である（図8.3（c））．

一方，ツリー構造やリンクリスト構造の場合には，データを格納するノード内に，次のデータがどこにあるかを指し示す情報（ポインタなど）を合わせてもたせることで，データノードを繋げていく方式である．リンクリストの場合には，データノードは直線的に，1つのノードの次には1つのノードが繋がるという形態をとる（図8.3（d））．一方，ツリー構造では1つのデータノードの下位に，複数のデータノードを木の枝のように広げていくことができる（図8.3（e））．リンクリストやツリー構造の場合，プログラム動作中に動的にデータの記憶領域を確保することもできるため，データ数があらかじめ不定の場合などに利用される．

4．データベースの利用

(a) データベースの役割

企業内のビジネスを担う情報システムでは，ビジネスに関わるデータを保持し管理利用するためにデータベースが利用される．

データベースはシステム内で利用するデータ群をその用途や目的，種類などを考慮してグループ化し整理し，構造をもたせて保管・管理したものである．通常はデータベースサーバにデータベースソフトウェアを組み込んで実現される．データベースはシステムで扱うデータの保管場所であるが，その役割は単にデータの保管にとどまらず，必要に応じて新規のデータを蓄積したり，システムの処理内容に応じて必要なデータを取り出して引き渡すなどの役割を担っている．また，データベースで管理されるデータの多くはシステムが対象とするビジネスにとっては貴重な情報資産であり，そのために管理下に置かれたデータのセキュリティを保持する役割も担っている．

RDB：Relational Data Base：関係データベース

(b) データベースの種類

一般的な情報システムでは**RDB**を利用する場合が多い．RDBは縦列（カラムまたはフィールド）と横行（ローまたはレコード）から構成される表（テーブル）によってデータを保持管理する方式であり，複雑になると，このようなテーブルを複数もたせ，それぞれのテーブルにデータを保存する．各テーブルの間には関連（リレーション）と呼ばれるリンクを張ることによって，あるテーブルから対応する別のテーブルの情報を手繰り寄せたりすることができる．

NoSQL：Not only SQL

SQL：Structured Query Language

一方，RDB が上記のような表形式でのデータ管理を中心とするのに対し，それ以外の形式でデータを管理する方式は **NoSQL** と呼ばれる．RDB はデータテーブルに保持されたデータを **SQL** と呼ばれる手続き言語によって呼び出したり書き換えたりといった操作を実現するが，その処理に時間を要するといった課題点がある．この課題点を解決するために考案された方式が NoSQL であり，特定の構造（スキーマ）をもたない key-value-store 型や単純な列構造でデータを保持する列指向型などの方式が利用される．

5. RDB

システム内のデータ保持の仕組みとして RDB を利用する場合，まずデータベースの構造（スキーマ）を定義し，その枠組み上にデータを蓄積したり，あるいは保持されたデータを取り出したりといった操作を行う．

(a) データベースのスキーマ定義

RDB ではテーブルがデータ保持の基本の枠組みであり，複数のテーブル間で関係性をもたせることでデータを効率的にハンドリングすることができる．このためにデータベースはそれぞれのテーブルやテーブル間での関連を含めた構造をもっており，このデータベースの構造をスキーマと呼ぶ．通常，スキーマは論理的な構造（**概念スキーマ**），物理的な構造（**内部スキーマ**），利用者視点の構造（**外部スキーマ**）に分けて考えられる．

具体的には，ソフトウェアが対象とする業務の要件定義から必要となるデータ要素を抽出し，それらの論理的な関連を概念スキーマとして検討し **ER図***などで整理する．そして，この概念スキーマを参考に内部スキーマ，外部スキーマを検討して，実際の RDB として，

＊図 7.2 参照

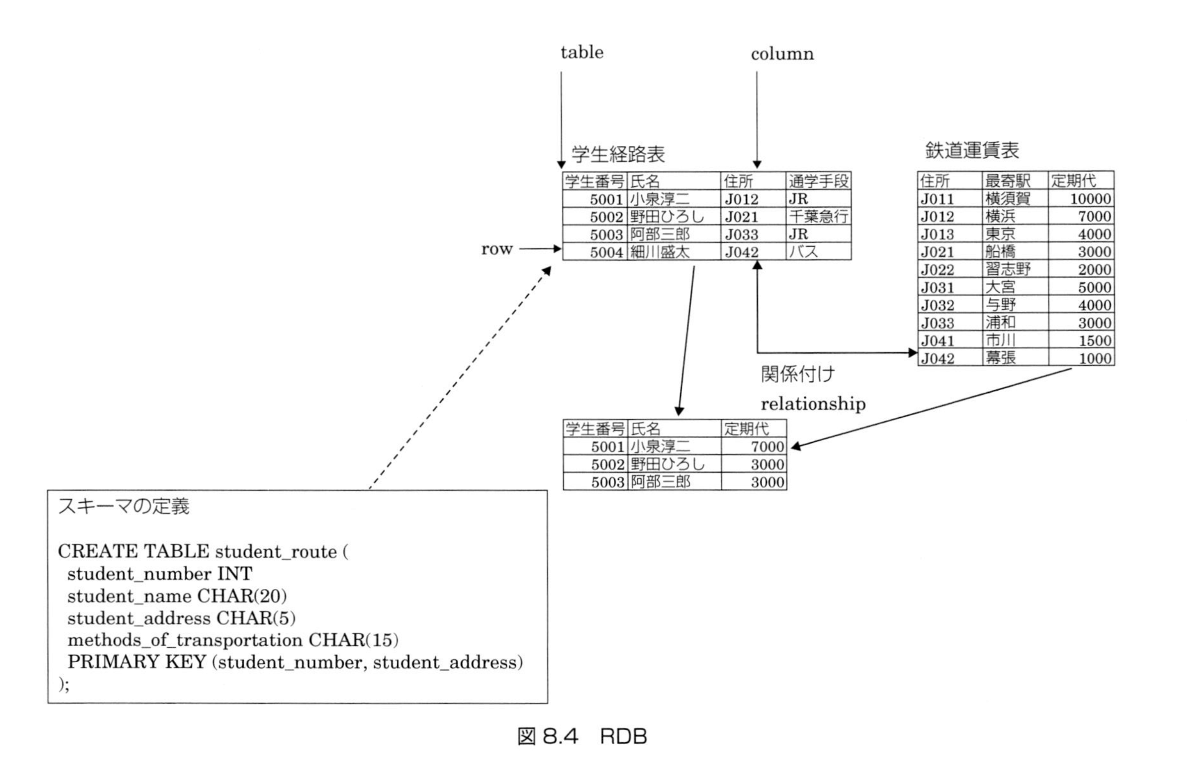

学生番号	氏名	住所	通学手段
5001	小泉淳二	J012	JR
5002	野田ひろし	J021	千葉急行
5003	阿部三郎	J033	JR
5004	細川盛太	J042	バス

住所	最寄駅	定期代
J011	横須賀	10000
J012	横浜	7000
J013	東京	4000
J021	船橋	3000
J022	習志野	2000
J031	大宮	5000
J032	与野	4000
J033	浦和	3000
J041	市川	1500
J042	幕張	1000

学生番号	氏名	定期代
5001	小泉淳二	7000
5002	野田ひろし	3000
5003	阿部三郎	3000

```
CREATE TABLE student_route (
  student_number INT
  student_name CHAR(20)
  student_address CHAR(5)
  methods_of_transportation CHAR(15)
  PRIMARY KEY (student_number, student_address)
);
```

図 8.4　RDB

・どのようなテーブルを用意し
・各テーブルにはどのような列，行をもたせるか
・それぞれのデータはどのような型や属性をもたせるか
・それぞれのテーブル間にどのような関連（リレーション）を張るか

といった事項をSQLによって設定する．

図8.4の例では，学生経路表，鉄道運賃表という2つのテーブルが定義されている．このうち学生経路表（student_route）についてのスキーマ定義は図8.4に示すように，student_number，student_name，student_address，methods_of_transportationという4つの列から構成されることを，SQLによって定義している．また，各列に格納されるデータは，例えばstudent_numberは整数，student_nameは20文字までの文字列であることが定義されている．また，PRIMARY KEYで宣言されているstudent_numberとstudent_addressはテーブル間の関係をとるためのデータフィールドであることを示している．

(b) データベースの操作

SQLによって定義されたデータベースには該当するテーブルにデータを登録したり，特定のデータを削除したり，読み出したり，更新することができる．このようなデータの登録，削除，読み出し，更新などデータベースに対する操作はSQLで記述された命令（クエリー）を用いて行うことができる．

例えば，図8.5では，先に定義したstudent_routeのテーブルから，methods_of_transportationが「JR」となっている行から，student_number，student_nameを選択して取り出す手続きをSQLで記述している．

```
SELECT
  student_number, student_name
FROM
  student_route
WHERE
  method_of_transportaion = 'JR'
```

図 8.5

8.4　ユーザインタフェースの設計

1．ユーザインタフェースとは

情報システムでは，様々な情報処理をする際に，ユーザがその条件や機能を指定したり，処理結果を確認するなど，システムと利用者（ユーザ）は**ユーザインタフェース**（**UI**）を介した情報のやり取りが行われる．ユーザインタフェースはシステムと人との接点であり，人間の視覚，聴覚，触覚などに働きかけるデバイスが利用される．特に，人間のもつ視覚を利用した画面によるユーザインタフェースは**GUI**とも呼ばれ，多くのシステムで採用されている方式である．

GUI：Graphical User Interface

2．画面の設計

ディスプレイなどの画面を利用したユーザインタフェースでは，

①　個々の画面レイアウトと操作の統一

②　画面の切り替えなども含めた複数画面の画面遷移の設計

③　画面表示情報の統一

を設計しなければならない．個々の画面の設計では，画面に表示する情報やその表示方法などを設計する．また，画面遷移では，ある画面を表示している最中に，あるボタンなどを押した場合にどの画面に切り替わるかといった，画面の切り替えの流れ（画面遷移）を設計する．

(a) 画面レイアウトと画面操作の統一

複数の画面を有するシステムの場合，システム全体の画面イメージを統一するため，画面フレームを統一する．一般的に，画面などは縦と横の比率が 1：1.618 とするのが見やすいデザインといわれている．この比率は黄金比とも呼ばれ，画面内に配置されるウィジット（グラフィカルユーザインタフェースを構成する部品要素）や文字などにもこの比率を適用すると見栄えが良いデザインとなる．

また，画面内の情報の表示については，基本的に左上から左下・右下の方向に情報が追えるようにレイアウトする．また，画面内で表示させる情報については，表示する文字の大きさ，色などをシステム内で統一感をもたせるように検討する．

また情報システムでは金額や成績など様々な数値データや氏名などの固有名詞を画面上から入力する場合が多い．このようにビジネス上で重要なデータ類の入力項目については，入力誤りを誘発しないように画面上での表示や入力操作のガイド機能についても十分な配慮が必要となる．また，金額などの数字入力については，入力された数値が正しい範囲内の数字であることを確認するなどの範囲チェックと呼ばれる処理も検討しておく．

(b) 画面遷移設計

複数の画面を切り替えて情報を表示したり，機能ごとに異なる画面などを表示させるタイプのシステムの場合，画面遷移を設計する必要がある．**画面遷移**の基本形はツリー形状になる．すなわち，システム起動時に表示される画面を出発点として，そこから実行する機能に応じて，機能ごとの画面系列に振り分けられる．

図 8.6 に示す例では，メイン画面で「学生管理」ボタンを押すと，「学生情報管理画面」に遷移する．そして，その画面内で，「学科選択」ボタンを押すと，「学科所属学生管理画面」が表示される．そこで「学生情報確認」を選択すると，「学生情報確認指定画面」に切り替わり，その画面内で検索条件などを入力して「検索」ボタンを押すことによって「学科所属学生情報表示画面」に遷移することがわかる．なお，画面遷移図については第 7 章で紹介した状態遷移図や UML に含まれるステートマシン図などを利用して表現する．

画面遷移を考える場合，ある画面を表示している際に，どのような事象（イベント）が発生したらどの画面に切り替えるかを明確にしておくことが重要である．イベントの種類としては，「特定のボタンが押された」「画面表示で担当している処理が終わった」「設定した時間が経った」など様々なイベントが考えられる．また，画面を逐次切り替えていく場合，画面階層の深さへの注意も必要である．1つの機能を実現する中で，次々と画面を切り替えていくとユーザにとっては非常にわかりにくくなる．このため，画面階層は5階層程度にとどめておくことが望ましい．

また，一連の画面の中で，「戻る」「取り消し」などのボタンを押した場合に，どの画面まで戻るかなどについては，システムの使い勝手に直結するため，ユーザ操作なども念頭に検討しておく．

また，一般的なシステムでは，このような画面表示の裏側で，様々なデータが処理され，その処理結果を画面に表示するといったことが行われる．この場合，データ処理や画面描画に時間がかかる場合，ユーザが向き合う画面の見た目が長時間変化しないといった状況に陥る場合もある．こうした状況にユーザが置かれると，ユーザはシステムの動作に不安を抱き，処理のキャンセルを始めとして，想定外の操作をシステムに加えてしまう．このため，画面表示に時間がかかったり，バックグラウンドで実行しているのデータ処理に時間を要する場合，ユーザが目にする画面上に，システムが現在何をやっている最中か，あるいはそれがどこまで進んでいるかなどの情報をわかるように表示することが必要となる．

(c) 画面表示情報の統一

画面内で表示する情報は統一感をもたせるように工夫する．例えば，表示される複数画面間で，文字のサイズやスタイル，表示位置や色を揃えておくといった工夫も必要である．また，画面内で表示する表や図などもレイアウトを始めとして見た目を揃えておくことが求められる．

さらに，エラーメッセージやユーザの操作を促す表示などについては文言表示などの統一感をもたせないと，ユーザの混乱を招く．エラーメッセージについては，ユーザが読んで理解できるように，ユーザ目線に立ったメッセージになるように注意しなければならない．

3. ユーザビリティとUX

ユーザ側から見たシステムの使い勝手を**ユーザビリティ**という．システムの使い勝手が悪いと，ユーザのシステムへの理解不足につながり，最悪の場合にはユーザの誤操作などを引き起こす場合もある．

また，機能的に同等のシステムであれば，ユーザはより高いユーザビリティをもつシステムを採用するのは自明である．このため，システムとして高いユーザビリティを実現する工夫が必要となる．

人間中心設計：Human Centered Design

ユーザビリティについては **ISO9241-200**（Introduction to human centered design）において，人間中心設計（HCD）の考え方が提唱されている．**HCD** の概念はシステムや製品の開発において，その利用者の視点に立った機能やサービスを設計するものであり，そのために開発プロセス上もユーザ目線を取り込む工夫などが求められている．HCD においては，

① 効果：ユーザが目標を達成できるか
② 効率：できる限り少ない労力で目標を達成できるか
③ 満足度：ユーザが不満や不快な思いを抱かないか

といった3点が考え方の基本になる．こうした事項を満たすために，ソフトウェアシステムの場合，操作のしやすさ，操作法などの理解のしやすさやシステム異常時の回復の操作なども，ユーザビリティの視点から考えていかなければならない．

UX：User Experience

また，高いユーザビリティを実現するためにはシステムの利用者であるユーザの経験値（**UX**）を最大値にシステムのユーザインタフェース設計に取り込むことが最良の策である．

実際に情報システムの対象となっている業務をユーザがどのようにやっているか，あるいはすでにシステムが導入されている場合にはユーザがどのような点を気にしているかなど，情報システムを利用しているユーザの業務を観察し，インタフェース設計の際の参考とすることが望ましい．

4. 帳票のデザイン

企業ビジネスで利用される情報システムでは，情報を単に画面上に表示するだけではなく，事務処理に必要な帳票として印刷出力す

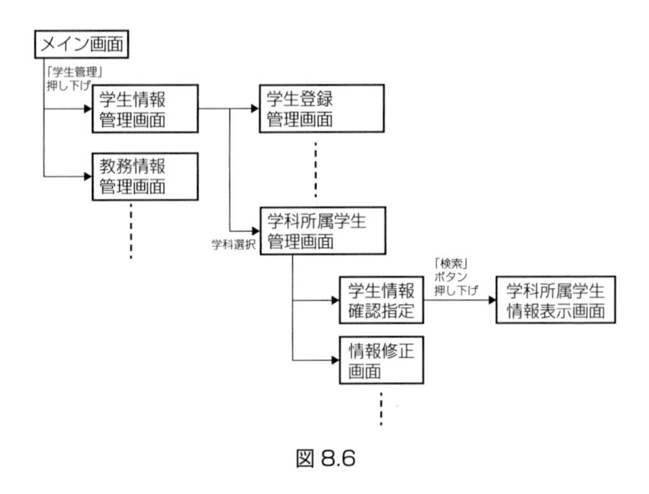

図 8.6

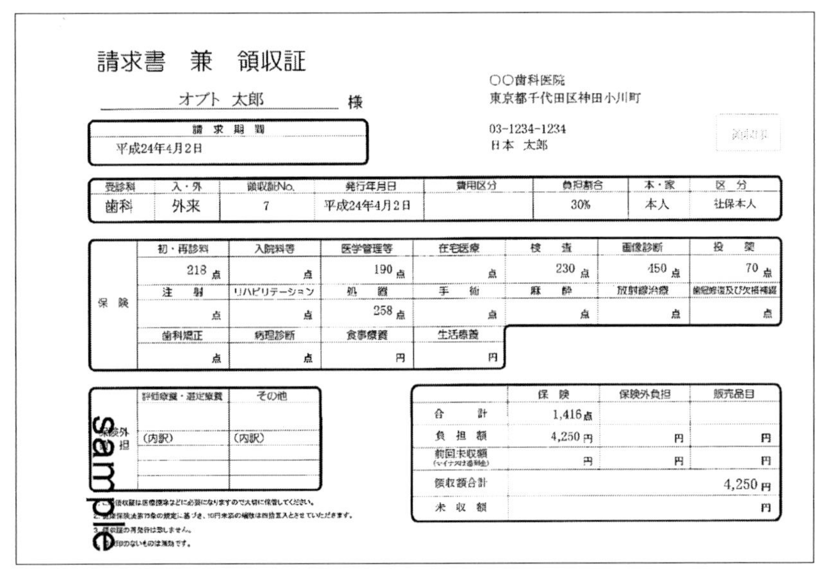

請求書　兼　領収証

オプト　太郎　様

〇〇歯科医院
東京都千代田区神田小川町

03-1234-1234
日本　太郎

請求期間
平成24年4月2日

受診科	入・外	領収証No.	発行年月日	費用区分	負担割合	本・家	区分
歯科	外来	7	平成24年4月2日		30%	本人	社保本人

保険	初・再診料	入院料等	医学管理等	在宅医療	検査	画像診断	投薬
	218 点	点	190 点	点	230 点	450 点	70 点
	注射	リハビリテーション	処置	手術	麻酔	放射線治療	歯冠修復及び欠損補綴
	点	点	258 点	点	点	点	点
	歯科矯正	病理診断	食事療養	生活療養			
	点	点	円	円			

保険外負担	評価療養・選定療養	その他
	(内訳)	(内訳)

	保険	保険外負担	販売品目
合計	1,416点		
負担額	4,250円	円	円
前回未収額 (マイナスは過剰金)	円	円	円
領収額合計			4,250円
未収額			円

sample

1. 領収証は医療費控除などに必要になりますので大切に保管してください。
2. 健康保険法第75条の規定に基づき、10円未満の端数は四捨五入とさせていただきます。
3. 領収証の再発行は致しません。
4. 印のないものは無効です。

図 8.7

る場合もある．**帳票のデザイン**についても，画面設計と同様に，レイアウトや帳票内の情報表示の統一などが重要となる．画面の場合には一画面で収まりきれない情報は画面スクロールや画面の切り替えといった方法がとれるが，帳票については基本的に用紙サイズによって印刷可能な情報量は限られてしまう．このため，帳票の設計に際しては，帳票としてどの情報をどのようにまとめて出力するかをよく吟味しなければならない．

図 8.7 は第 1 章で紹介した歯科医院向け診療支援システムで出力する患者に対する医療費の請求書・領収書の例を示している．請求書などの場合，請求者・被請求者や日付，金額などが極めて重要な情報であり，帳票を発行する医院側と受け取る患者側双方が，一目で確認できるようにレイアウトなどが工夫されている．

演習問題

問 1　第 1 章で紹介した歯科医院向け診療支援システムにおいて，電子カルテ部分の画面表示についてのユーザインタフェース設計上の工夫点をあげなさい．

問 2　歯科医院向け診療支援システムの受付機能では患者来院時に次のような処理を行っている．この処理のフローチャートを作成しなさい．

① 患者の提示した診察券を読み取り機で読み取る．

② 診察券のない患者については保険証を提示させ，読み取り機で読み取る．

③ 診察券を提示した患者のうち，同月内に来院がない場合には保険証の確認も行う．

④ 新患については新規患者の登録を行う．

⑤ 患者の予約の有無を確認し，予約患者の場合には，診察予定リストに来院マークを付記する．

⑥ 予約のない患者については，診察予定リストの中の，空き時間帯を確認して，適切な時間帯に診察予約を追加する．

第9章 プログラムの設計と実装

ソフトウェアはプログラムとして記述しコンパイル・ビルドされることで初めて計算機上で実行することができる．品質の確かなプログラムを作成するためには，ソフトウェア設計をプログラムとして具体化するためのプログラム設計を行わなければならない．プログラム設計では，実装で利用するプログラミング言語の文法や特徴なども考慮して，プログラムとしての実現形を意識してプログラムの詳細な設計を行う．本章ではプログラム設計と，それをもとにしたプログラム実装について説明する．

9.1 プログラム設計の意味づけ

ソフトウェア設計によって構造や構成要素の詳細部を確定した後，それをプログラムとして実装するためにプログラム設計を行う．ここでプログラムとは開発しようとしているソフトウェアを計算機上で動作させるための一連のコード群を指す．

プログラム設計では，ソフトウェア設計で確定したソフトウェア・アーキテクチャや構成要素のプログラムロジックなどをもとに，プログラムとして実装するため実現上の構成であるモジュールの詳細を検討・決定する．ソフトウェアを実際にプログラムとして組み上げていくためには，実装上の制約やソフトウェアに求められる品質や性能をどのようなモジュールで実現していくかを考えなければならない．

9.2　モジュールの概念

1．モジュールとサブシステム

プログラムの実装設計では，プログラムの役割や機能動作，プログラムロジックなどに応じて，複数の処理モジュールに分割し，それらの処理内容の詳細を決定しなければならない．一般的に**モジュール**とは様々な製品，システム，ものを構成する単位であり，より複雑な構造を実現するために利用可能な独立した機能をもつユニットである（図9.1）．通常，機械分野などではモジュールは交換，着脱が可能な部品として位置づけられる．システムを実現するソフトウェアにおいても，モジュールに関する上記の定義はそのまま当てはめることができる．すなわち，ソフトウェアあるいはプログラムにおけるモジュールとは，プログラムを構成する独立した機能部品である．例えばC言語においては関数，JavaやC++などのオブジェクト指向言語の場合にはクラスがそれぞれモジュールに相当する．

また，これら複数のモジュールから構成されて，システムが提供する意味をもった単位の処理を実現するものをサブシステムと呼ぶ．情報システムにおいては，システムが提供するオペレーションや機能ごとに個別のサブシステムとしてのまとまりをもたせ，複数モジュールが組み合わされたプログラムによって実現される場合が多い．

2．モジュール分割の原則

プログラム設計では，システムやソフトウェアとして期待される機能面から考えた構成要素を，どのように実装レベルのモジュールに振り分けていくかがポイントとなる．このモジュールの振り分けにおいては，1つの構成要素についてモジュール1つという形ではなく，プログラム内の処理のまとまりという観点から，適切な粒度

（a）　メカ系のモジュール

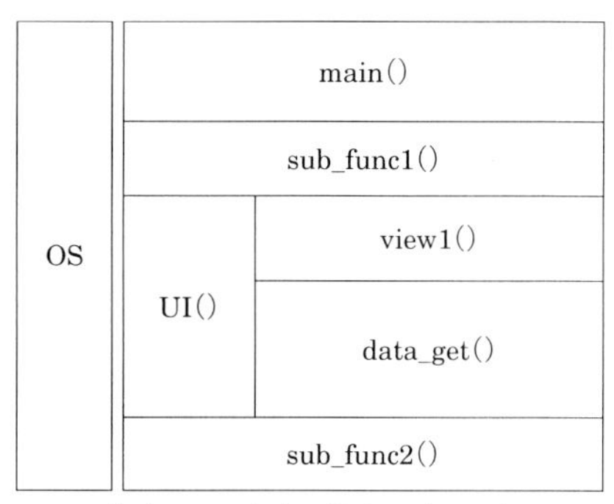

（b）　ソフトウェアのモジュール

図 9.1　モジュールの概念

で細分化していくことも考える必要がある．具体的には，プログラムをモジュールに分割する際には，個々のモジュールの規模は 50 行から 150 行程度に抑え，独立性が高くなるようにする．

適切にモジュール分割・設計，実装を行うことにより，

① 個々のモジュールの責任範囲や実装機能が限定されるため作成が容易となる
② 複数の技術者による分担作業が可能となる
③ モジュールごとの小さな単位での動作確認（テスト）がやりやすい
④ モジュールの独立性を高くすると，保守や移植などの作業がやりやすい
⑤ モジュール単位での再利用がしやすい

といったメリットが得られる．

9.3　プログラム設計で決定すべき事項

プログラム設計では，以下のような事項を検討し決定していく．

① プログラムを構成するモジュール（関数，クラスなど）とそれらの内部処理

プログラムをいくつかのモジュールで構成される形に分割する場合，各モジュールの役割や処理内容を明確にする．また，重要な処

理部分についてはフローチャートなどを作成して，詳細なロジックについても検討決定しておく．また，C言語などを利用してプログラムを作成する場合，モジュールに相当する関数の型（整数型，実数型など）についても決めておく．さらに，それぞれのモジュールの名称はそのモジュールの処理内容がわかるような名称をつけなければならない．

②　プログラムで利用する変数の型や名称，スコープ

プログラム内で利用する変数についても，変数名は変数のもつ意味を反映させた名前をつけ，変数の型（整数型，実数型など）やその変数の有効な範囲（指定したモジュール内のみ有効か，プログラム内で共通に利用できるか）についても決めておく．

③　データ受け渡しの方法

個々のモジュール内でデータを扱う場合，それらのデータを，どのような形で受け渡すかについても決めておく．例えば，特定の変数を利用して引数の形での受け処理の内容なども考慮して，モジュール間でのデータ受け渡しの方法を検討しておく．

④　ファイル構成

中規模以上のソフトウェアの場合，１つのプログラムだけではなく，サブシステムごとに分割した複数のプログラムでシステムを構成する場合が多い．この場合，各プログラムを記述したプログラムファイルの名称についても，サブシステムの内容を反映した名前を付けるのが原則である．このようなプログラムファイルには複数のモジュールが含まれるため，どのモジュールがどのプログラムファイルに含まれるようにするかについても明確にしておく．さらに，このように複数のプログラムファイルで構成されるシステムの場合，プログラムのビルド手順を示すmakefileなどを利用することもある．

⑤　プログラムのバージョン管理方法

実装されたプログラムは様々な不具合や機能改良などのために，将来的に改変が施される場合がほとんどである．このためプログラムの改変が明確にわかるようにバージョン番号やリビジョン番号の付け方のルールを決める．一般的にプログラムの大幅な内容変更などが発生する場合にはバージョンを１つ上げる．また，細部の細かな修正や変更の場合にはリビジョン番号を上げるといったことで，常に最新のプログラムのバージョン，リビジョンが把握できるような番号体系を予め決めておく．

また，多くの開発者が分担してプログラムを作成する規模の大きな開発では，プログラムのバージョンを管理するツールなどを利用して，プログラムの変更管理を確実に行う方法についても検討する．

⑥ プログラムの再利用範囲の明確化

近年のソフトウェア開発では，多くの場合，既存のソフトウェアからの流用や再利用が多い．プログラム設計では，既存のプログラムの中で，どのバージョン・リビジョンのプログラムの，どの部分を再利用あるいは流用するかについても明確にしておく．

9.4 機能を中心に考えた場合のモジュール分割～STS分割

プログラムはモジュールの集合体として実現される．機能を中心としてソフトウェア設計をした場合，複数のモジュールが図 9.2 に示すように階層構造で積み上げられシステムの機能の一部を担うプログラムを構成する．これらのプログラムは，データを受け取り（入力），そのデータに対して変換や演算処理を施し，得られた結果を出力するといった一連の処理が順序立てて実行される．こうした

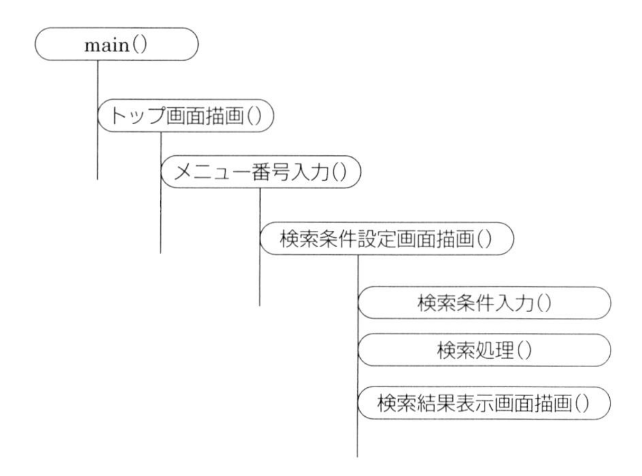

図 9.2 モジュール階層構造

プログラム内のデータを中心にした処理を考えた場合，プログラムを構成する部分要素として，入力処理を司る部分，データの変換や演算を司る部分，演算結果などを出力する部分の3つの部分に分割することができ，それぞれを独立したモジュールとして設計するのは極めて自然な考え方である．**STS分割**はこうした発想に基づくモジュール分割法であり，図9.3に示すように，プログラムを入力処理を行う源泉モジュール（Source），データ変換を行う変換モジュール（Transform），出力処理を行う吸収モジュール（Sink）に分割する．これらのモジュールの境界ではそれぞれデータ構造が変化し，源泉モジュールと変換モジュールの境界点を**最大抽象入力点**，変換モジュールと吸収モジュールの境界点を**最大抽象出力点**と呼ぶ．STS分割によってプログラムをモジュールに分割する場合には，次の手順で分割する．

Step-1：プログラムに対する入力から出力までのデータの流れや変換・演算を考え，プログラムで実行される細粒度の機能を特定する．

Step-2：上記で特定した機能を，入力処理のまとまり，変換・演算処理のまとまり，出力処理のまとまりに分割する．この際，それぞれの処理の境界点でのデータやデータ構造の変化に注意する．

Step-3：STS分割における中心的な3つのモジュール（源泉，変換，吸収）を確定し，さらに，それらのモジュールを制御するための上位の制御モジュールを定義する．

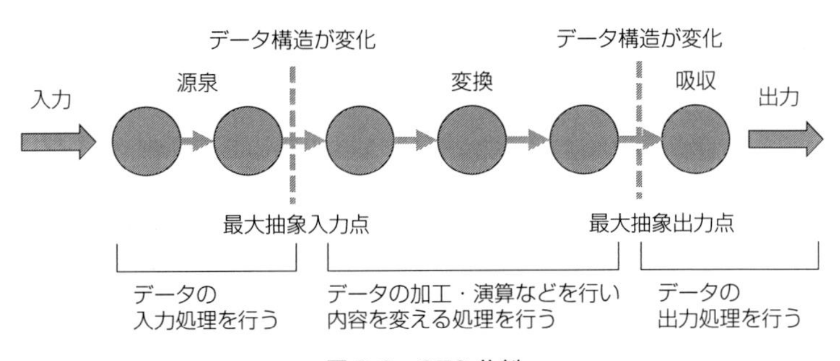

図9.3　STS分割

なお，この考え方はデータ中心設計や機能中心設計などの考え方と親和性の高いモジュール分割法である．

9.5　モジュール分割の評価基準

プログラム設計では，プログラムが適切なモジュールに分割され，それぞれのモジュールの役割が設計されているかどうかを確認する必要がある．モジュール分割の適切さは，個々のモジュールの大きさとともに，モジュールの強度や独立性を見ることで評価することができる．

1．モジュールの大きさ（サイズ）

LOC：Lines of Code

モジュールの大きさはモジュールを構成するプログラムの行数（**LOC**）によって計測する．基本的にモジュールは小さいほど扱いやすく，また独立性も高くなる．

2．モジュールの強度

モジュール内の機能要素間の関連性の強さの程度を**モジュール強度**という．例えば，図9.4に示すように，1つのモジュールがただ1つの機能を実現している場合（機能的強度）とまったく関連のない複数の機能が1つのモジュールに含まれている場合（暗号的強度）を比べると，モジュールの強度は前者の方が強いと考えることができる．モジュール強度には，モジュールに含まれる機能やその関係性の観点から，表9.1に示すように7つの強度レベルに分類することができる．

モジュール強度が弱く1つのモジュール内に無関係な機能が複数混在しているような場合，モジュール内のロジックが入り組んで，結果的に複雑な構造となり不具合を誘発してしまうことがある．また，プログラムの保守の際にも，どのモジュールがどのような機能や役割を担っているかがわかりづらく，保守しづらくなることが多い．

オブジェクト指向言語の場合のモジュールに相当するクラスの分

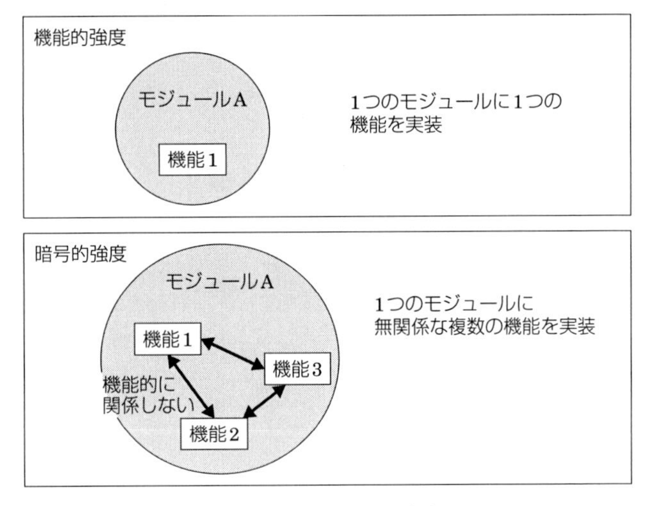

図9.4　モジュール強度

表9.1　モジュール強度

強　度	説　明	強　度
機能的強度	ただ1つの機能をもつ	強
情報的強度	同一のデータ構造を扱う複数の機能をもつ	↑
連絡的強度	関連のある複数の機能，データの関連性をもつ	
手順的強度	関連のある複数の機能をもつ 手順に基づいて順に実行する	
時間的強度	関連のない複数の機能をもつ ある時期に複数の機能を順に実行する	
論理的強度	関連のある複数の機能をもつ 機能の実行は引数で指定	↓
暗号的強度	関連のない複数の機能をもつ	弱

割の際には，「1クラス1責務（1つのクラスは1つの役割）」を原則とするという考え方がある．この考え方は，上記の機能的強度の考え方を踏襲したものと理解することができる．

3. モジュール結合度

モジュール結合度は個々のモジュールが他のモジュールとどのような関係をもっているかを表す考え方であり，モジュール結合度が高いものほど，それらのモジュールの独立性が低いと判断することができる．

例えば，図9.5（a）のようにモジュールAとモジュールBの間でデータの受け渡しをする場合に，処理に必要な最低限のデータを都度，受け渡すだけで，それ以外に両モジュールとも機能的な関係をもたない場合をデータ結合と呼ぶ．一方，図9.5（b）のようにモジュールA，モジュールBから共通でアクセスできる場所にデータ領域を用意し，そこに受け渡し対象となるデータを適宜書き込んで利用する方法を共通結合と呼ぶ．この2つの結合タイプを考えると，データ結合は個々のモジュールの独立性が高くモジュール同士の結合度は低く抑えることができる．これに対し，共通結合では，一方のモジュールから共通領域のデータを書き換えた場合，もう一方のモジュールの動作に影響が出てしまうことも考えられ，個々のモジュールの独立性が損なわれる可能性がある．モジュール結合度については表9.2のように6つのタイプの結合レベルに分類するこ

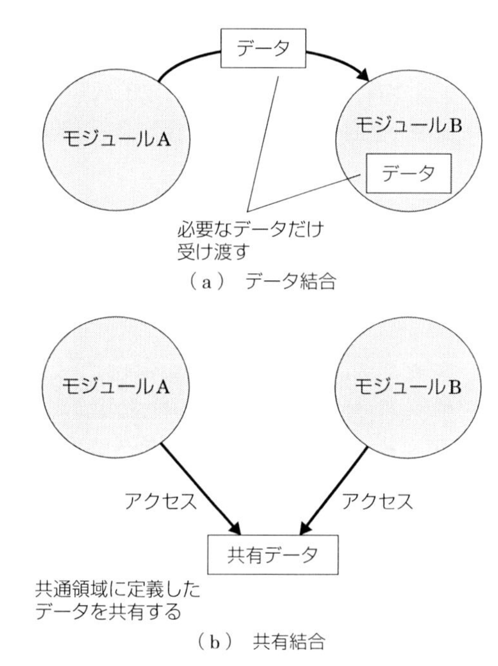

図9.5　モジュール結合度

表 9.2　モジュール結合度

モジュール結合度	内　容
データ結合	処理に必要なデータだけを受け渡す．呼出し側も呼ばれる側も機能的な関係はない．
スタンプ結合	データの構造体を引数として受け渡す．呼ばれたモジュールでは，構造体の一部を使用する．
制御結合	機能コードを引数としてサブプログラムに渡し，サブプログラムの実行に影響を与える．
外部結合	外部宣言したデータを共用する．共通結合との違いは，必要なデータのみ外部宣言することである．
共通結合	共通領域に定義したデータを共有する．Fortran の COMMON 文などが該当する．
内容結合	あるモジュールが，直接，他のモジュールを参照，変更する．

とができる．

オブジェクト指向におけるクラスでは，クラス内で定義された属性に従ってインスタンスが生成される際にそれぞれ独立性の高いデータが与えられ，それらのデータは，特定のアクセス操作によってのみアクセスが許される仕組みをとることで，クラス（モジュール）の結合度を低く抑えている．

9.6　コーディングルール

1．コーディングルールの役割

通常，プログラムはプログラミング言語を用いて記述される．プログラミング言語は，アセンブラなどに代表されるハードウェアに近い言語から C 言語，Java などの高級言語まで様々なものが用途に応じて使い分けられている．高級言語はプログラム開発をする技術者が読んで直接理解できるように，処理命令ごとに意味をもった単語を含んでいる．したがって，プログラムとは，その本質において，プログラミング言語で用意された限定的な用語を用いて書かれた文章であるといっても過言ではない．この点において，プログラムは日本語をはじめとする自然言語で記述された文章と何ら変わることのない性質を有している．すなわち，文章表現である以上，いかに読みやすく，誤解のない表現型をとるかが極めて重要な要素となる．しかしながら，一般的な文章がそうであるように，プログラムもまた，それを作成記述する技術者の経験などによっていか様にも表現することができる場合もあり，結果的にプログラムとしての質の良し悪しが生まれてしまう．

コーディングルールとはプログラムの書き方を標準的なものにするための「プログラムの書き方の作法」であり，自動車などに搭載されるソフトウェア向けに整備されたMISRA-Cや情報処理推進機構によって整備されたESCRなどが広く利用されている．

2. ソースコードの品質

図9.6は単純なソーティングに関するプログラムの一例である．このプログラムのソースコードを見てわかりやすいと思うだろうか．プログラムの品質について考える場合，多くの技術者は誤りや

```
#include<stdio.h>
int main()
{
int X[10];
int i;
int sum,num_data;
double avg;
for(i=0;i<10;i++)
{
printf("Please Input DATA¥n");
scanf("%d",&X[i]);
}
sum=0;
num_data=0;
for(i=0;i<10;i++)
{
printf("X[%d]=%d¥n",i,X[i]);
sum=sum+X[i];
num_data=num_data+1;
}
printf("SUM=%d¥n",sum);
printf("Num-DATA=%d¥n",num_data);
avg=(double) sum /num_data;
printf("AVG=%lf¥n",avg);
}
```

図9.6　悪いコード

バグがないことを一義的に考える．しかしながら，プログラムがコンピュータや技術者にとっての読み物であるという点を考慮すると，単に誤りやバグが含まれないだけではその品質は十分とはいえない．良いプログラム，良いソースコードとは誤りを含まないことは当たり前として，さらにそこに記述されたプログラムコードを読んで理解できること，そして，処理のまとまり（文節）が明確になっているといった性質も持ち合わせていなければならない．実際に過去に発生したシステム障害の中には，ソースコードの記述の仕方が悪く，技術者が誤解して誤った修正を施したために障害に至った事例などは枚挙にいとまない．

3．コーディングルールの例

図9.7は情報処理推進機構によって整備されたESCR（コーディング作法）の一例である．ESCRでは主にC系の言語を対象にしており，ソースコードを記述する際に注意すべき観点として，信頼性，保守性，移植性，効率性の4つの観点から，守るべき記述ルールや良いコードの書き方などを例示している．図9.8はESCRで示されたコーディングルールの中で，保守性に関するもののうち，「ソースコードは理解しやすい形で書く」という基本ルールの一例である．「理解しやすい形」という場合に，処理の流れに着目して，「不用意な無条件ジャンプ（GOTO文など）を使わない」というル

【保守性3】M3　プログラムはシンプルに書く			
作法	ルール		ページ
M3.1　構造化プログラミングを行う。	M3.1.1	繰返し文では、ループを終了させるためのbreak文の使用を最大でも1つだけに留めなければならない。 [MISRA14.6]	80
	M3.1.2	(1) goto文を使用しない。 (2) goto文は、多重ループを抜ける場合とエラー処理に分岐する場合だけに使用する。	81
	M3.1.3	continue文を使用してはならない。 [MISRA 14.5]	81
	M3.1.4	(1) switch文のcase節、default節は、必ずbreak文で終了させる。 (2) switch文のcase節、default節をbreak文で終了させない場合は、《プロジェクトでコメントを規定し》そのコメントを挿入する。	82
	M3.1.5	(1) 関数は、1つのreturn文で終了させる。 (2) 処理の途中で復帰するreturn文は、異常復帰の場合のみとする。	83
M3.2　1つの文で1つの副作用とする。	M3.2.1	(1) コンマ式は使用しない。 (2) コンマ式はfor文の初期化式や更新式以外では使用しない。	83
	M3.2.2	1つの文に、代入を複数記述しない。ただし、同じ値を複数の変数に代入する場合を除く。	84

図9.7　ESCRサンプル

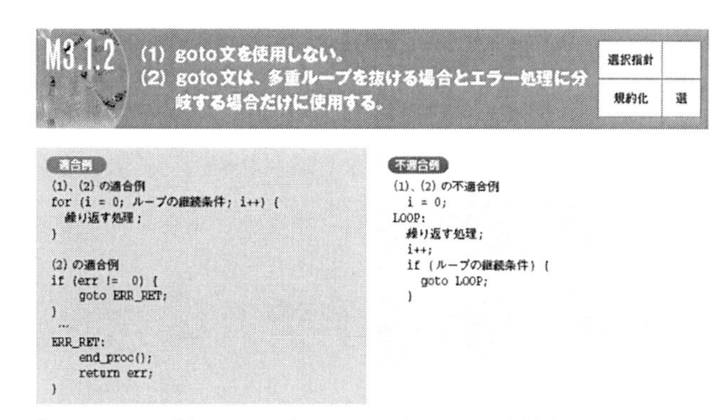

M3.1.2 (1) goto文を使用しない。
(2) goto文は、多重ループを抜ける場合とエラー処理に分岐する場合だけに使用する。

選択指針	
規約化	選

適合例

```
(1)、(2) の適合例
for (i = 0; ループの継続条件; i++) {
  繰り返す処理;
}

(2) の適合例
if (err != 0) {
    goto ERR_RET;
}
 ...
ERR_RET:
    end_proc();
    return err;
}
```

不適合例

```
(1)、(2) の不適合例
  i = 0;
LOOP:
  繰り返す処理;
  i++;
  if (ループの継続条件) {
    goto LOOP;
  }
```

プログラム論理が複雑にならないようにするための工夫である。goto文を無くすことが目的ではなく、プログラムが複雑になる（上から下へ読めなくなる）ことを避けるための手段として、不要なgotoを無くす、ということが重要である。goto文を用いることにより、可読性が向上することもある。いかに論理をシンプルに表現できるかを考えて、プログラミングするようにする。

図 9.8　ESCR コーディングルール例

ールを示している．

コーディングルールは **MISRA-C** や **ESCR** のように，標準的なものが公開されているが，実際の開発プロジェクトでは，これらのコーディングルールを参考に，各プロジェクトの性質や参加する技術者のレベルなども考慮して，それぞれのルールをプロジェクト開始時点で定めておき運用することが望ましい．

4. コーディングの基本マナー

ソースコードは最終的にプログラムとして計算機にインストールされ実行される．このため，ソースコードの品質はプログラムひいてはシステムの品質に直結する．したがって，ソースコードの品質は常に確認されなければならず，その手段として，作成者を含む人間が読んで確認する場合も多い．このためコードを記述する際には，そうした場合を考慮して，人が理解やすいコードにするために，以下のような点に配慮すべきである．

① ネーミングルール

ソースコード中に出現するモジュール（関数，クラスなど）の名前や内部で扱われる変数の名称などは，人が読んで意味のわかるものにしておかなければならない．

② **コメント文**

コード理解の補助として，コードを読んだだけでは理解が難しいところなどに適宜，コメント文を加える．また，個々のプログラムファイルやモジュールの先頭には，それらをいつ，誰が作成したかや，その処理や機能の概要情報，およびそれらの前提条件などをヘッダコメントとして記述しておく．

③ **インデントと分かち書き**

コード内は意味のあるまとまり（ブロック）に分けて記述する．これは日本語の場合の段落分けと同じ意味合いである．また，条件分岐や繰り返し処理などについて，それぞれが入れ子構造などになって階層が深くなる場合，コードの記述表記上，インデント（行の先頭を数文字分字下げする）するなどの工夫をすることで，コードの論理構造が見た目でも把握しやすくなる．

9.7　ソースコードの定量評価

1．メトリクスの概念

記述したソースコードが品質面で適切なものであるかどうかを定量的に評価するための指標として，**ソースコードメトリクス**を利用する．ソースコードメトリクスは記述されたソースコードの規模や複雑さなど様々な視点を計測評価するための物差し（尺度）である．

例えばリンゴの大きさを測ることを考えてみる．リンゴの大きさといった場合に，ある人はリンゴの中心を通る直径で測るかもしれない．別の人はリンゴの縦方向の高さを測るかもしれない．このように人によって物差しが異なっていると，計測された数値の解釈が異なってしまう．**メトリクス**とは物差しであるが，ここでいう物差しとはこのような測り方や計測した単位，あるいは有効数字まで明確に定めることで，計測者による差異が生じないようにするものである．

代表的なコードメトリクスとしては，コードサイズを評価するメトリクスやコードの論理的な複雑さを評価するメトリクスなどが利用される．

2. 代表的なメトリクス

(a) コードサイズの計測と評価

LOC：Lines of Code

ソースコードの規模は記述された行数をカウントした，LOC を利用する．LOC はコードサイズを評価する指標として一般的に用いられているが，コメント部をカウントする場合としない場合などがあり，純粋にプログラム実行に関係する行のみをカウントする Executable LOC といった尺度が利用される場合もある．コード行数はプログラム全体としての行数や，個々のモジュールごとの行数などの計測に利用される．特にモジュール毎に LOC を計測することで，個々のモジュール分割の適切さなどを評価することができる．

(b) コードの複雑さ計測と評価

個々のモジュールなどではそれらが実現する機能処理に応じて，順序処理，条件分岐処理，繰り返し処理などが組み合わされて実現されている．このような論理構造はともすると込み入ったものとなりモジュールが論理的に複雑なものとなってしまう．複雑な構造をもつモジュールやプログラムは，設計・実装の際の考慮抜けや論理矛盾が発生しやすく，また，それらの動作確認をする場合にも様々な動作シーケンスが存在しテストの漏れや抜けを誘発してしまう．このため，モジュールを作成した段階で，それらの論理的な複雑さを評価することが望ましい．コードの複雑さを評価する指標としては，McCabe によって提案された**循環的複雑度**が利用される．循環

循環的複雑度：Cyclomatic Complexity

Cyclomatic Complexity
プログラムがどの程度の論理的複雑さをもっているかを表す指標

プログラムの制御構造を
フローグラフによって表現した場合

サイクロマティック数 $M=E-N+2$

プログラムの複雑さと
混入される不具合数は
高い相関をもつ！

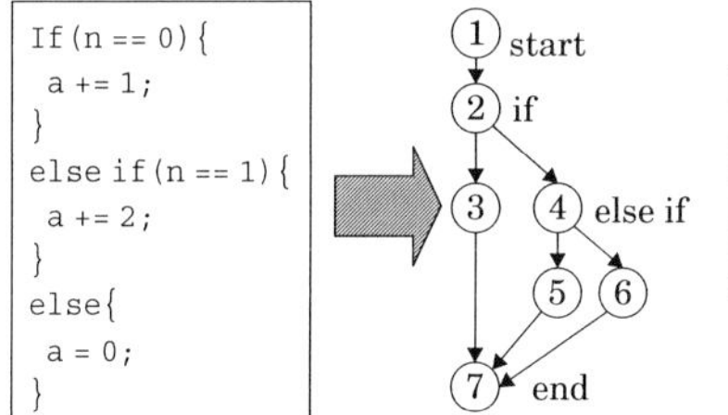

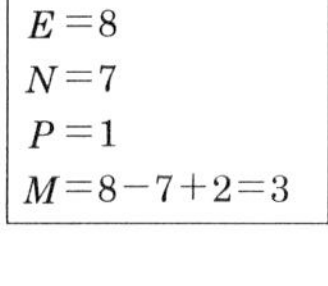

図 9.9 サイクロマティック数

表 9.3　CK メトリクス

WMC（Weighted Methods per Class） 計測対象クラスの重み付きメソッド数
LCOM（Lack of Cohesion of Methods） 計測対象クラスの凝集性の欠如
NOC（Number of Children） 計測対象クラスのサブクラス数
DIT（Depth of Inheritance Tree） 計測対象クラスの継承の深さ
CBO（Coupling Between Object Classes） 計測対象クラスに関係しているクラス数
RFC（Response for Class） 計測対象クラスに関係しているメッセージ数

的複雑度は図 9.9 に示すように，処理の流れをグラフ構造で表記した場合にその空間内を区切る領域の数に相当し，次式によって求めることができる．

$$M = E - N + 2P$$

ただし，M＝循環的複雑度，E＝グラフのエッジ数，N＝グラフのノード数，P＝連結されたコンポーネントの数

また，オブジェクト指向言語によって記述されたソースコードについては，Chidamber と Kemerer により，CK メトリクスが提案されている．CK メトリクスでは表 9.3 に示すようにクラスのメソッドの複雑さの合計を図る WMC をはじめとするいくつかのメトリクスが用意されている．

3. メトリクス計測の注意

メトリクスはソフトウェアの品質や特質を計測し表現するための道具としては非常に便利なものである．しかし，メトリクスを利用して品質などを評価するためには，以下の点に注意をする．

(a) メトリクスデータの統計処理上の注意

計測者が様々なツールなどを使って対象物を測り，測った結果を統計処理するなどして使えるデータとしなければならない．特にメトリクスを用いてソースコードの品質などを分析する場合，

① どのようなシステムの一部であるか
② 開発者のスキルレベル
③ 既存設計資産の流用の度合い
④ 使用している言語

などの対象とするソースコードの特徴や開発の背景などを考慮しなければならない．統計分析を行うにあたっては，このような点を考慮して，対象となるソースコードを特徴や背景が同じグループに分けて，それぞれの特徴を分析していく必要がある．このように統計分析対象の母集団をそれらのもつ特徴によってグループ分けにすることを**層別**という．ソフトウェアやソースコードの品質に影響する要因は非常に多いため，このような層別を正しく行わないと，メトリクスを使った適切な統計処理ができない場合が多い．

(b) 複数メトリクスによる評価

通常，1つの品質メトリクスは対象となるソフトウェアやコードの1つの側面を捉えているに過ぎない．品質は複数の要因によって決まる要素であるため，複数のメトリクスを用いて，複合的な視点で評価したほうが，状況を正しく理解できる場合が多い．例えば，ソースコードの規模を表すLOCを用いてモジュールの規模を計測した結果，あるモジュールの規模が100 LOCだったとする．この場合，規模の観点からはモジュールとして適切であるという判断をすることができるが，一方で，このモジュールのサイクロマティック数が20近かったとすると，モジュールの複雑さの点では問題があるということになる．一般的に，ソースコードの規模と複雑さは比例関係にあるとされるが，規模が小さいモジュールであっても，複雑さが突出して高いといったものも含まれる場合がある．このため，品質メトリクスを用いて品質計測評価を行う場合には，複数のメトリクスを組み合わせることで，品質の状況をより正しく把握することができるようになる．

(c) メトリクスによる計測の負荷と結果のフィードバック

また，このような計測は開発者が自ら行う場合や専任の品質評価者が計測する場合などもあるが，いずれの場合でも開発者に負担がかかる．このため，メトリクスによる計測を行う場合には，真に意味のある数字を計測できるメトリクスを慎重に吟味して，できる限り少ない種類のメトリクス計測にとどめる工夫をすべきである．また，このようにして計測した数値は開発者にフィードバックしたり，プロジェクト内で議論して開発の改善に利用しなければ計測の価値は生まれない．

9.8　プログラムの再利用とコードクローン

1．プログラムの再利用戦略

品質の良いプログラムを効率的に開発するためには，品質が安定したプログラムを再利用するのが最良の方法である．例えば，家を建て替えて新しい部屋を作る場合にその部屋の調度としてテーブルを入れることを考えてみよう．まったく新しくテーブルを作るのも一考ではあるが，その場合の手間や時間は計り知れない．そこで，もし建て替える前の家にあったテーブルを少しでも再利用できたとしたらどうだろうか．その場合，

①　テーブルの部品の一部である釘，ネジだけ再利用する
②　大きさや形などのデザインをそのまま参考利用する
③　既存のテーブルの部材（天板や引き出しなど）を再利用する
④　既存のテーブルをそのまま持ち込み，表面のキズなどだけ修理する

などいくつかの再利用の方法が考えられる．この場合，①の方法は再利用といっても，テーブルのほんの一部しか再利用しえないため，再利用による効果はそれほど大きくない．逆に④の方法は既存の資産を最大限生かす方法であり，再利用による効果も最大限に得ることができる．

プログラムの再利用においても，上記とまったく同じことがいえる．すなわち，プログラムの断片（一部の命令など）のみを再利用するという戦略もあるが，一方で，あるまとまりをその設計構造も含めて，そのまま再利用するという戦略もとることができる．当然のことながら，後者の方が再利用によって得られる効果は大きい．
一方で，このようにまとまったプログラムをそのまま再利用する場合には，そこに含まれる機能やデータ構造などが再利用先の目的に

合致していなければならず，ある意味で用途が限定されてしまう．

また，多くの言語では特定の機能を実現するためのライブラリやソフトウェア部品などが用意されているものもある．特にソフトウェア部品の中で商用で入手可能なソフトウェア部品は**COTs**と呼ぶことがある．これらを利用することで開発効率や品質を向上することができる．

COTs：Commercial off the shelf

一方で，プログラムの一部だけを切り出して再利用するような形態をとった場合には①のような，テーブルにおけるネジ・釘の再利用と同じく，他の用途のプログラム内でも比較的に容易に再利用できる場合もある．しかし，このようなコード断片の部分的な再利用は，開発効率や品質面では十分なメリットが得られない場合が多い．

以上のように，プログラムを再利用する場合には，「どれくらいの大きさのプログラムのまとまりをどのように再利用するか」を予め十分に検討し，開発効率や品質面でのインパクトも考慮して再利用の単位や再利用個所を決定しなければならない．また，実際にソフトウェアを再利用する場合には，再利用するソフトウェアの設計やソースコードを確認したうえで利用する．

また，ソフトウェアの再利用やソフトウェア部品，あるいはオープンソースソフトウェアの組み入れなどについては，ソフトウェアの著作権やライセンスなども確認しておく．

2. デザインパターンとフレームワーク

上記①から④の中で，オブジェクト指向を用いてシステムを開発する場合，②に相当する再利用の一形態として，**デザインパターン**という考え方がある．デザインパターンは1990年代にE. Gammaらによって提唱されたもので，オブジェクト指向設計における典型的な設計ノウハウを整理したものである．表9.4に示すように様々なパターンが提唱されている．

例えば，図9.10に示すFacadeというパターンでは，複数のサブシステムを用途によって使い分けるような場合に，その使い分けをハンドリングするクラスを置くことで，プログラムの構造を簡潔にする考え方である．なお，デザインパターンは設計面のノウハウを一般化して整理したものであるため，実装コードはあくまでもサン

表 9.4　デザインパターン

種　別	No.	パターン名	目　的
生成に関するパターン	1	Abstract Factory	関連する部品を生成するファクトリごとに切り替える
	2	Builder	複雑なオブジェクトの生成
	3	Factory Method	サブクラスのメソッドにインスタンスの生成方法をまかせる
	4	Prototype	コピーしてインスタンスを生成する
	5	Singleton	生成するインスタンスを 1 個に制限
構造に関するパターン	6	Adapter	インタフェースが一致しないクラスを再利用する
	7	Bridge	機能と実装の階層を分離し，拡張を別々に行う
	8	Composite	再帰的なオブジェクト構造を表現する
	9	Decorator	元になるオブジェクトをラッピングして機能を拡張
	10	Facade	複雑な処理を呼び出すシンプルな窓口を提供する
	11	Flyweight	インスタンスを共有して，インスタンスの生成コスト・使用メモリを抑制
	12	Proxy	代理（プロキシ）を用意してインスタンスの生成やアクセス制限をコントロールする
振る舞いに関するパターン	13	Chain of Responsibility	処理を順番に実行
	14	Command	命令そのものをオブジェクトとして扱う
	15	Interpreter	構文解析の結果を表現するクラスを定義
	16	Iterator	複数のオブジェクトに順番にアクセスする
	17	Mediator	複数のオブジェクトを集中管理
	18	Memento	オブジェクトの状態を保管して復元可能にする
	19	Observer	オブジェクトの状態変化を通知する
	20	State	状態に応じて処理内容を切り替え
	21	Strategy	アルゴリズムを交換可能にする
	22	Template Method	一連の処理の一部をサブクラスで実装し，変更可能にする
	23	Visitor	複数のオブジェクトを渡り歩く処理を追加・変更する

プルとして紹介されているものがほとんどである．このため，デザインパターンを利用する際には，その考え方を参考に，利用者が自ら作成しているプログラム内での適用を検討し，コードを作成する必要がある．

また，④に相当する再利用としては**フレームワーク**という考え方が定着しつつある．フレームワークは，ソフトウェアの根幹となるアーキテクチャとそれを実現するプログラムコードを含めた，規模

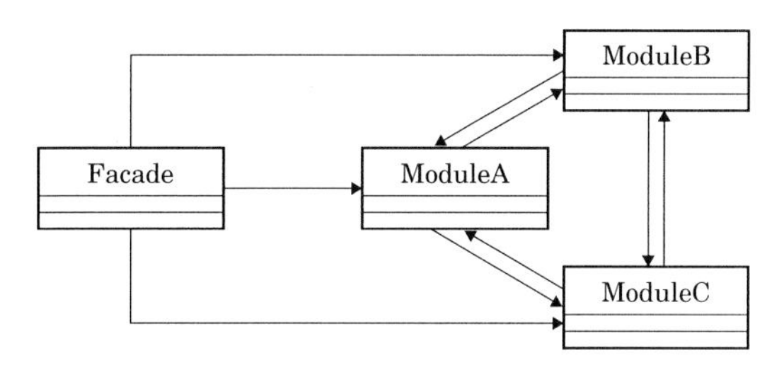

図 9.10　デザインパターン（Facade パターン）

の大きな再利用の一形態であると考えることもできる．フレームワークの中で，ソフトウェアのベースとなる全体アーキテクチャに相当する部分は Frozen spot と呼ばれ利用者による変更は行われない．一方，フレームワークを適用するソフトウェアの機能などに応じて利用者が変更する部分は Hot spot と呼ばれる．

3. コードクローン

プログラム作成の中で，プログラムコードの一部をコピーして，それを複製して作られるコード断片を**コードクローン**と呼ぶ．図 9.11 はコードクローンの一例であり，上側のコードの一部を下側のコード内にコピーして，その関数名や一部の変数名などを変更して

```
void UIFnc_CommTC_Open(teUIWin_Num WinNum,void *gpFnc)
{
 memset(&vsUIFnc_CommTC,(byte)0,sizeof(tsUIFnc_CommTC));
 if(vsUIDB.Awake == UI_WARP_ID){
  vsUIFncCtl.Warp = TRUE;
 }
 vpUIFnc_CommTC_Exit =(void(*)(word))gpFnc;
 UILib_ChangeFunction(vsUIFncCtl.InUse,(tsUILib_FuncInfo *)&csUIFnc_
 CommTC_ChgTbl};
 vsUIFnc_CommTC.UseWinNum = WinNum;
 UIFnc_CommTC_Dsp();
}

void UIFnc_ACommTC_Open(teUIWin_Num WinNum,void *gpFnc)
{
 memset(&vsUIFnc_ACommTC,(byte)0,sizeof(tsUIFnc_ACommTC));
 if(vsUIDB.Awake == UI_WARP_ID){
  vsUIFncCtl.Warp = TRUE;
 }
 vpUIFnc_ACommTC_Exit =(void(*)(word))gpFnc;
 UILib_ChangeFunction(vsUIFncCtl.InUse,(tsUILib_FuncInfo *)&csUIFnc_
 ACommTC_ChgTbl);
 vsUIFnc_ACommTC.UseWinNum = WinNum;
 UIFnc_ACommTC_Dsp();
}
```

関数としては別物

だが、
処理内容はほとんど同じ
（太字の部分のみ変更）

図 9.11　コードクローン

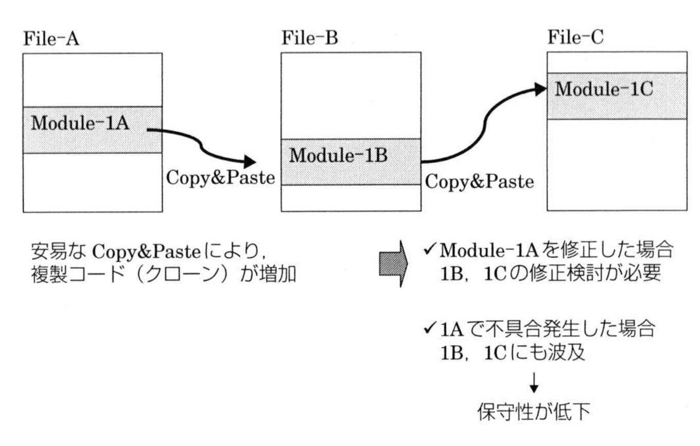

図9.12　コードクローンの弊害

利用しており，骨格となる処理の論理構造は上側のものとまったく同じになっている．このように，コードクローンはエディタのコピー&ペースト機能などを利用することで比較的に簡単に作ることができるため，様々なプログラムの中に散見される．

コードクローンはソースコードを書く段階では非常に効率的に類似コードを生み出すことができる反面，図9.12に示すように，オリジナルのコードに誤りなどがあった場合には，それをコピーして生まれたコードクローン部分にも同じ誤りが複製されてしまうといった問題（不具合の拡散）を含んでいる．このため，オリジナルコードに問題があると，コードクローンとして複製した部分すべてを再度，見直さなければならず，プログラムの保守性を著しく損なうことになる．

近年ではソースコードの構文解析などを応用してコードクローンを検出する技術なども利用されている．

演習問題

問1　図9.6に示したソースコードを，読みやすさなどを考慮して修正しなさい．

問2　以下に示す乗車運賃計算サブシステムをプログラムとして実装する場合のモジュール構成を検討しなさい．

東博新線　駅務支援システム
乗車運賃計算サブシステム

仕様 1：駅員は「利用者の年齢入力」「利用年月日を入力」する
仕様 2：画面上部に駅名リスト（駅番号付き）を表示する
　　　　なお，番号付きの駅名のデータはデータファイルとして定義されているものとする
仕様 3：駅員は利用者の申し出に応じて，乗車駅ならびに降車駅を番号で指定する
仕様 4：指定された駅間の乗車基本料金計算を計算する
　　　　なお，駅間の距離は 1 の位を四捨五入して 10 キロ単位にする
　　　　また基本料金は 10 キロ当たり 90 円とする
　　　　但し，400 キロを超えると長距離割引とし，400 キロを超えた部分の料金は 10 キロ当たり 70 円とする
仕様 5：60 歳以上の乗客はシニア割引として，上記で求めた基本料金に 0.9 をかけた金額を乗車料金とする．
仕様 6：12 歳未満の乗客は子供割引として，上記の基本料金に 0.7 をかけた料金を乗車料金とする（ただし 6 歳未満は料金は不要）
仕様 7：毎月特定日（5，15，25 日）は感謝デー割引として，全ての乗客の乗車料金は基本料金の半額にする
仕様 8：最終確定の運賃を画面に表示する（表示は乗車駅，降車駅，運賃を表示）
　　　　なお表示する最終確定の運賃は，上記ルールで求めた乗車料金から 10 円未満を切り捨てた金額とする

第10章 ソフトウェアシステムの検証と動作確認

ビジネスとして開発されるソフトウェアシステムは企業にとっては製品であり，利用者にとっては商品である．ソフトウェアシステムが製品あるいは商品である以上，その品質は確かなものでなければならない．システムの開発の現場では，開発したシステムの品質を確認するためにシステムの検証や動作確認が行われる．本章ではソフトウェアシステムの静的側面ならびに動的側面からの検証方法を中心に説明する．

10.1 ソフトウェアの検証・動作確認の基本的な考え方

1. 検証の考え方

開発しているソフトウェアが正しいことを確認する作業を検証という．ここで「正しいこと」とは，対象とするソフトウェアに

① 論理的な矛盾や誤りが含まれないこと

② 開発されたモノがユーザの期待どおりであること

と言い換えても差し支えない．

検証の対象となるモノは「ソフトウェア」であるが，これは単にプログラムを指すだけではなく，開発の中で生み出されるすべての「モノ」と理解しなければならない．すなわち，**検証**とは，仕様書

や設計書，プログラムなどを対象として，それらの「①論理的な正しさ」「②ユーザの期待に照合した場合の正しさ」を確認する作業である．

①　論理的な正しさの確認

仕様書，設計書，プログラムなどにおいて，論理的に矛盾が含まれないかといった観点や，仕様書に記載された事項と設計書の内容に矛盾や抜けがないかといった観点で確認する．

②　ユーザの期待に照合した場合の正しさ

開発の中で生み出された「モノ」が「ユーザが期待する機能やサービス」に合致しているかどうかを確認しなければならない．一般的には，開発の最初の段階で作成される要件定義書に「ユーザのシステムに期待する機能やサービス」が正しく記載されていることを確認し，そこから後に作成される設計書，プログラムなどはすべてこの要件定義書との照合によって，その正しさを確認する方法をとることができる．

妥当性確認：Validation
検証：Verification

なお，ソフトウェアの開発プロセスを規定したISO/IEC12207（Software Life Cycle Process）では，開発したソフトウェアがユーザのニーズや期待に合致しているかどうかを確認する作業は**妥当性確認**と定義している．一方，各開発プロセス内での作業成果物の正しさを確認する作業は狭義の意味での**検証**という用語を当て明確に区別している．

2. 検証の方法

検証は図10.1に示すように，

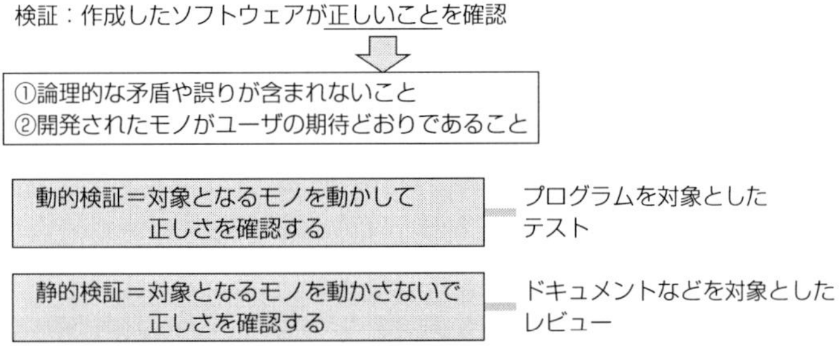

検証：作成したソフトウェアが正しいことを確認

①論理的な矛盾や誤りが含まれないこと
②開発されたモノがユーザの期待どおりであること

動的検証＝対象となるモノを動かして正しさを確認する ― プログラムを対象としたテスト

静的検証＝対象となるモノを動かさないで正しさを確認する ― ドキュメントなどを対象としたレビュー

図10.1

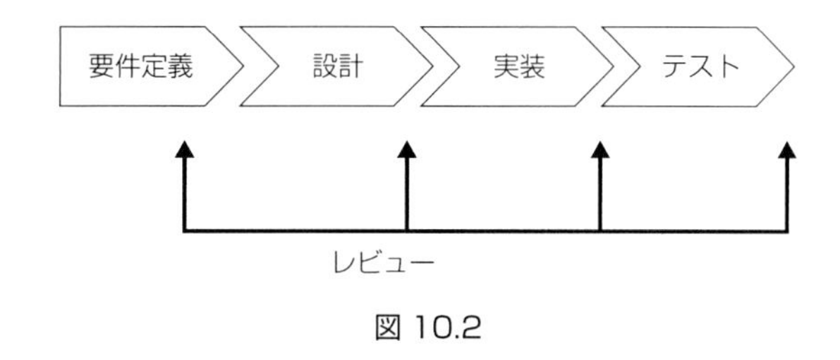

図 10.2

動的検証＝対象となるモノを動かして正しさを確認する
静的検証＝対象となるモノを動かさないで正しさを確認する
という2つの方法に分けることができる．検証の対象となるモノのうち，実際に動かして確認できるものは，コンパイルされたプログラムのみであり，その他のものは基本的に動かして確認することはできない．

例えば，仕様書の正しさは，仕様書に記載された内容を，関係者で読み合わせたりすることで確認することができる．このように，開発の前半で作成される仕様書，設計書などのドキュメント類やソースコードは，技術者による目視確認作業が中心となり，この作業を**レビュー**という．一方，コンパイル済みのプログラムを実際に計算機上で動作させその正しさを確認する方法を**テスト**という．図10.2に示すように，ソフトウェアのレビューを中心とした静的検証は主に開発の前半に行われるのに対し，テストに代表される動的検証は開発の後半，実際のプログラムが作られて以降に実施される．

10.2　ソフトウェアレビュー

1．静的検証の種類

静的検証とは対象としてのモノを動かさずにその正しさを確認する方法である．ソフトウェアの静的検証技法としては，ソフトウェアレビュー，プログラム解析，仕様検証が代表的な手法として利用されている．

ソフトウェアレビュー：開発に関係する技術者や管理者によって，仕様書をはじめとする対象物の正し

さを読み合わせ形式などで確認する方法

プログラム解析：プログラムのもととなるソースコードを解析し，その記述誤りや文法的な誤りを検出したり，プログラムで利用される変数，関数などの構造や依存関係を抽出することで設計との対比を行う方法

VDM：Vienna Development Method

仕様検証：VDMやZをはじめとする形式的仕様記述言語で記述された仕様を対象に，その中の誤りや矛盾点を論理的に解析する方法

2. ソフトウェアレビューの種類

ソフトウェアレビューは一般的なソフトウェア開発の中では最も多く利用されているソフトウェア検証の手段である．レビューはその目的と実施時期などによっていくつかに分けることができる．

(a) 目的による分類

レビューはソフトウェアの正しさを目視により確認する作業と位置付けられるが，技術的な側面からの正しさの確認と管理的な側面からの正しさの確認という2つに分けることができる．

技術的な側面から正しさを確認するレビューは**テクニカルレビュー**と呼ばれ，主に対象物を作成した技術者が中心になって，対象物中の誤りや矛盾・抜けを確認する．

一方，管理的な側面からの正しさの確認は**マネジメントレビュー**と呼ばれる．マネジメントレビューは，対象物を作成する過程の中で，必要な検討や作業が正しく実施されているか，あるいは，その結果として，次の作業に移行しても大丈夫かを，主にプロジェクトマネジャや管理者が中心となって確認する．

(b) 実施時期による分類

レビューはソフトウェア開発の中で生み出される様々なモノや作業の正しさを確認するために，これらの対象物が作成されたタイミングや作業が終了したタイミングで実施される．具体的には，表10.1に示すように，要件定義書を作成した段階で仕様レビュー，設計書を作成した段階では設計レビューなどを行う．また，動的検証の一種であるテストについても，テスト仕様書を作成した時点やテ

表 10.1 ソフトウェアレビューの種類

要件レビュー	作成した仕様書が顧客要求を正しく反映しているか 要件定義書に誤りや矛盾が含まれないか
設計レビュー	作成した設計が仕様書に記載された要件を実現できるか 設計書に論理的な誤り，抜けや矛盾が含まれないか
コードレビュー	ソースコードが設計内容に反していないか ソースコードにバグや誤り，抜けが含まれないか
テスト仕様レビュー	仕様や設計の内容を確認するために必要なテスト項目が用意されているか
テスト成績書レビュー	すべてのテスト項目についてテスト結果が記載されているか テスト結果に対する評価がされているか

スト結果が出そろったタイミングでテストレビューが行われる．

3. レビューの技法

ソフトウェアレビューを実施する場合には，テクニカルレビューでは対象物に関係する技術者が集まって対象物の読み合わせを行う．マネジメントレビューでは対象物に関係する管理者やマネジャーが管理的な視点から作業の状況や対象物の状況を確認する．この確認作業では，関係者が集まり会議形式で行われる場合が多い．こうしたレビューを効率的に実施するために，以下のような方法が利用される．

(a) ウォークスルー

仕様書，設計書やソースコードのテクニカルレビューなどで利用される方法である．確認を行う技術者が，対象物を論理的に解釈実行させる計算機の代わりを務める形で，対象物を机上で逐次実行シミュレーションして，対象物の誤りや矛盾点をあぶりだす方法である．

(b) フォーマルインスペクション

インスペクションは検査とも訳されるが，厳密な手順のもとに対象物の問題点を洗い出す方法である．通常，レビューを行う場合，レビューの対象物を読み合わせる形をとるが，対象システムの規模が大きくなると，仕様書や設計書などのレビュー対象物のボリュー

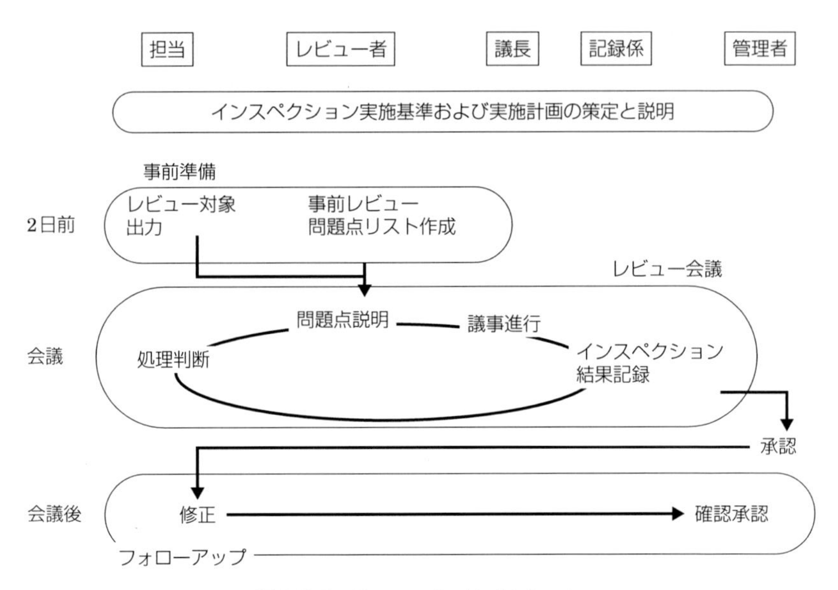

図10.3　Faganインスペクション

ムも大きくなり，1回の会議形式のレビューで読み合わせをするのは難しくなる．このため，インスペクションでは対象物をレビュー担当者が事前にチェックしておき，問題点をリストアップする形式をとることが多い．

フォーマルインスペクションの代表的な方法の一つであるFaganインスペクションでは，図10.3に示すように，ソースコードなどの対象物を，作成者以外の第三者であるレビューアが事前にチェックし問題点のリストアップを行い，その結果をインスペクション会議で議論して，対象物内に含まれる誤りや矛盾点の確認を行う．さらに確認された問題点は，インスペクション後に実施されるフォローフェーズで問題点の是正方針を話し合い，修正作業を行うことで対象物に含まれる問題点を一つ一つ確実に除去していく．

4. レビュー実施時の工夫

レビューは基本的に関係者が一堂に会して会議形式で行うことが特徴である．このような形のレビューを有効なものとするために，以下のような工夫をすることが望ましい．

・レビューで使用する資料類は事前に準備し，参加者にあらかじめ配布しておく
・レビュー会議にかける時間は予め区切っておき，レビューで確認すべき事項を予め設定しておく
・検証を目的とするレビューでは対象物の課題点，問題点の洗い出しを中心とし，それらの解決は別途検討する
・レビューで確認した事項については，レビュー記録として整理し，関係者の確認と合意をとる

10.3　プログラム解析と形式的仕様検証

1. プログラム解析

プログラム解析はプログラムのもととなるソースコードなどを論理的に解析して，そこに含まれる誤りや矛盾を検出する方法である．ソースコードの解析を行うために，プログラミング言語に対応

図 10.4　コード解析ツール

した専用の解析ツールを利用する必要がある．ソースコードの正しさを確認する場合，コードインスペクションなどの方法で技術者がソースコードを読んで問題点を探すこともできるが，ソースコードの規模が大きくなるとすべてのコードを技術者が目視確認することは不可能である．こうした場合に，コード解析ツールを利用して，予め，問題点を解析チェックしておき，問題点の多いコードを対象に人手によるコードインスペクションを実施するといった使い分けをする場合もある．図10.4は富士通ソフトウェアテクノロジーズ社のプログラム解析ツール FUJITSU Software PGRelief の解析結果表示画面である．このように，プログラム解析ツールではソースコード内の問題点を効率よく検出できる．

2. 形式検証

ソフトウェアの仕様が，特定の表現型で明確かつ論理的に記述されている場合に，その仕様記述内の誤りを論理的に検証する方法を**形式検証**と呼ぶ．仕様検証には形式的に表記された仕様について，数学的な正しさを検証する演繹的検証手法と仕様を網羅的に追いかけて検証するモデル検査手法がある．

形式検証：Formal Verification

一般的にソフトウェアは物の動きやデータに対する計算をベースにしており，その点において，ソフトウェアの仕様は数理論理的な方法で表現することが可能である．これに着目した方法が，演繹的な仕様検証手法であり，対象となるソフトウェアの仕様を数理論理で書き下し，それに対する式変換などの要領で，論理的な矛盾点を検出する方法である．

一方，モデル検査はソフトウェアの振る舞いを表現したモデルを対象にモデル内の記述要素間の論理的な正しさを，網羅的に確認していく方法である．図10.5に示すように，例えば，単純な信号機の動きを考えた場合，「信号が緑点灯の状態からは，黄色点灯の状

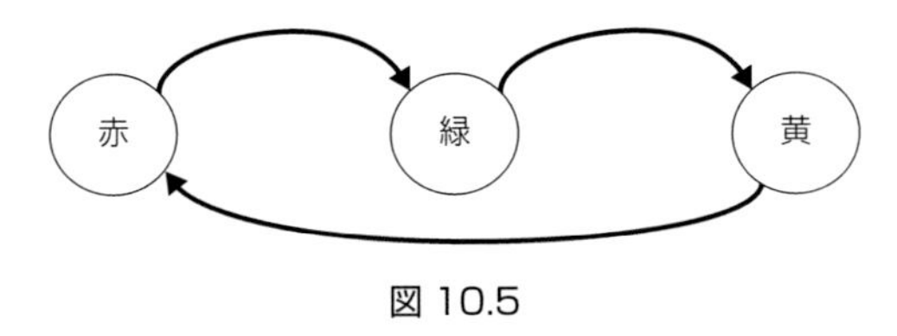

図 10.5

態に移行する」「信号が黄色点灯の状態から赤点灯の状態に移行する」という状態の遷移は正しいが，「信号が黄色点灯の状態から緑点灯の状態に移行する」という遷移は問題がある．このように例えばシステムの状態遷移モデルを対象に，その遷移パスなどを追いかけ，矛盾を検出したりすることが可能である．この場合，仕様の正しさという観点からは，

・予め与えられた「真にこうあるべき」という正しさに関する知識と照らし合わせて振る舞いに矛盾がないか

・システムの状態や遷移によっては，システムが止まることなく，ある一定の状態遷移を繰り返す無限ループ状態に陥いることがないか

・システムの状態や遷移によっては，到達しえない状態などが定義されていないか

などの観点があげられる．

状態遷移モデルで表記された仕様の正しさを検証する場合，状態遷移モデルを Promela という専用言語で表現しておくと，その表

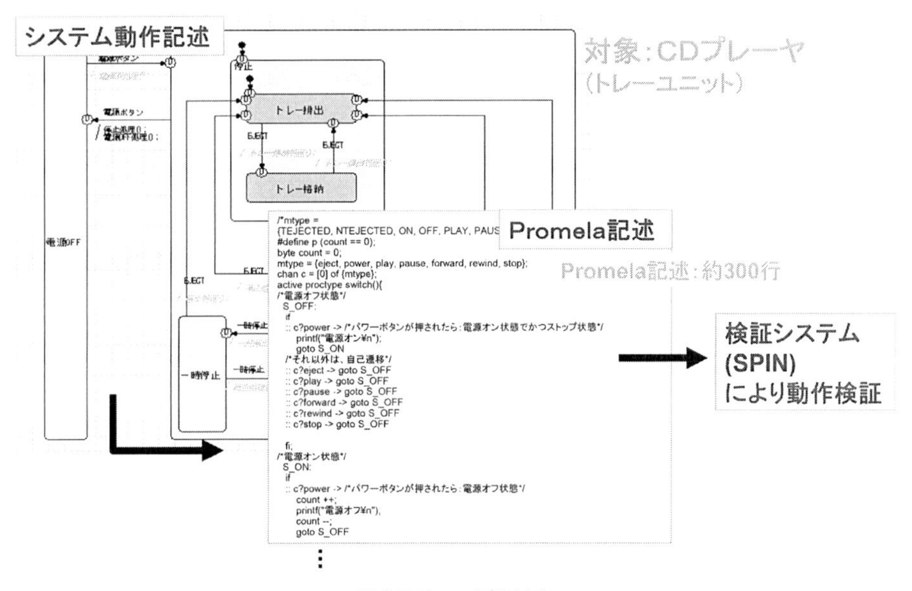

図 10.6　モデル検査

表10.2　形式仕様検査手法

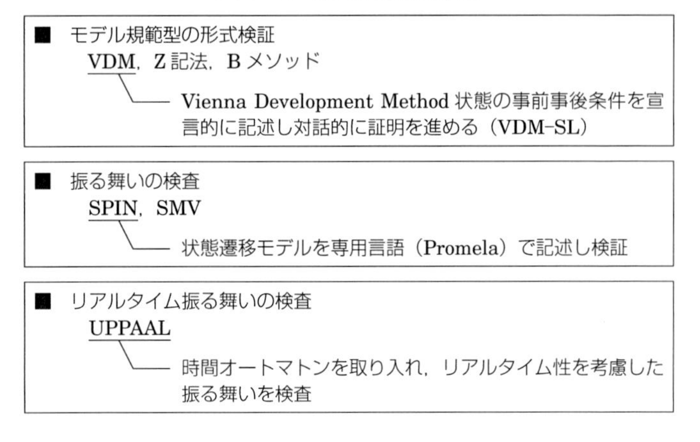

現内容を自動解析するSPINという自動検証ツールなどが利用可能である（図10.6）．また，SPIN以外にも表10.2に示すように，様々な仕様モデルを対象としたモデル検査ツールが利用可能である．

10.4　ソフトウェアテスト

1．ソフトウェアテストの役割と限界

対象となるモノを実際に動かして，その正しさを確認する方法は動的検証と呼ばれ，**ソフトウェアテスト**はその代表的な手段である．ソフトウェアテストは，対象となるソフトウェアを実現するプログラムを実際に計算機上で実行し，その際のプログラムの動きや入出力を観察して，仕様書などで求められる動作が実現できているかどうかを確認する方法である．言い換えると，ソフトウェアテストは対象となるプログラムに内在するバグ，不具合といった問題点を検出するための技術と定義することもできる．

通常，ソフトウェアのテストはその開発過程の中で，何段階かに分けて実施されるが，対象となるソフトウェアの全開発期間に占めるテスト作業の割合は3割前後が理想といわれている．一方で，テスト対象のソフトウェアはひとたび，フィールドにリリースされ運用が開始すると，数年～十数年はユーザによって利用され続けるも

のがほとんどである．ソフトウェアシステムが実運用下にある期間内には，システムにとって当初想定していなかったような使い方も含めて，様々な事情が発生する．その際に，システムが誤った動作に陥ることがないように，ソフトウェアテストの段階で，それらの事象まで含めて入念に動作確認をしておかなければならない．

一方でソフトウェアテストは，ソフトウェアシステムの実運用を念頭に，その間に起きるであろう様々な事象を，いわばスナップショットの形で想定して切り出して確認をする技術であると考えても差し支えない．この点を考慮すると，テスト技術は連続する時間軸上で発生する事象を，離散的な点でとらえて確認する技術であり，テストによって，ソフトウェアシステムの全運用期間内の正しさを保証することはできないと言える．言い換えるとテストではプログラム内に存在する不具合やバグを検出することはできるが，すべてのテスト項目を実施したとしても，プログラム内にバグや不具合が存在しないということは証明できない．

2. テストの種類と方法

ソフトウェアテストは，実施する時期や目的によって，いくつかの種類と方法に分けることができる．

(a) テスト時期による区分

ソフトウェアをテストする場合，最終的には顧客に提供するソフトウェア全体の動作確認をしなければならない．しかしながら，対象ソフトウェアの規模が大きな場合には，いきなり，そのすべてをテストで動作確認するのは必ずしも効率が良い方法とはいえない．このため，一般的には図 10.7 に示すように，テスト作業を**単体テスト**，**結合テスト**，**システムテスト**，**受入れテスト**の 4 段階に分けて行う．

① **単体テスト**：主にプログラムを構成するモジュール（関数，クラス）など比較的規模の小さい動作単位で，その部分の機能動作の正しさを確認する．

② **結合テスト**：複数のモジュールやユニットを連携させ，1 つの動作機能の塊としての正しさを確認する．この場合，モジュール間，ユニット間の結合部分であるインタフェースが正しく動作して

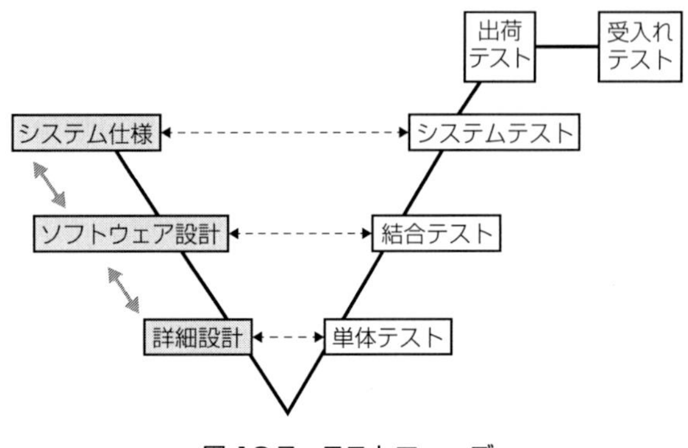

図 10.7　テストフェーズ

いるかを中心とした確認を行う．多くの情報システムなどでは，システムが提供する機能やサービスという観点で切り出し，個々の機能サービスが正しく動くかを確認することとなる．

③　**システムテスト**：ソフトウェアシステムとして，当初，仕様としてユーザと合意した機能などが実現できているかを確認する．また，そのシステムを実フィールドにリリースしても大丈夫かどうかを，実際にシステムとして動作させて確認する．後者のテストを出荷テストと呼ぶ場合もある．

④　**受入れテスト**：開発されたソフトウェアシステムは顧客のもとに届けられ実際の運用環境下におかれる．システムを顧客サイドに設置した状態で，最終的に顧客の立会いの下に，顧客の要件に合致したものであるかどうかを判定するテストを受入れテストと呼ぶ．受入れテストでは顧客の運用環境に合致するように，最終的にシステムの動作などを調整する場合も多く，現地調整と呼ぶこともある．受入れテストでは，開発者が利用者の立場に立ってテストするアルファテスト，実際の利用者などに試験的に利用してもらうベータテストなどがある．

(b) テスト方法による区分

一方，テストの実施方法としては，対象物の内部の構造からみた正しさを確認するための**ホワイトボックステスト**，と対象物の動きや処理について外部から見た正しさを確認するための**ブラックボックステスト**という 2 つの代表的な考え方が利用される．また制御を中心としたシステムや画面遷移をもつシステムでは，設計段階で作成した状態遷移図や画面遷移図をもとに，論理的な遷移パスについてテストを行う**状態遷移テスト**なども利用される．

① **ホワイトボックステスト**：モジュールなどの対象物の内部構造やロジックの正しさを確認することを主な狙いとして実施される．このためホワイトボックステストは，主に単体テストなど，比較的対象物の規模が小さく，内部構造まで見通してテストできる単位で行うことが多い．

② **ブラックボックステスト**：対象物の内部構造は確認せずに，対象物に対する入出力や動作結果を中心に正しさを確認する方法である．基本的には仕様書や設計書に記述された入力データを与えたり操作を実施した場合に，期待通りの動作結果が得られるかといった点を確認する．このため，ブラックボックステストは多くの場合，結合テスト以降で行われる．

③ **状態遷移テスト**：状態遷移図上の論理的にたどることのできるパスを網羅的に抽出し，実際にその遷移パスを実行させるイベントを順次発生させて，実際に状態が適切に遷移していくかを確認する．通常は，状態遷移の無限ループや状態のデッドロックなどを確認する．

(c) テスト観点による区分

テストではソフトウェアに含まれる誤りや問題点を検出することが，主たる目的である．誤りや問題点としては，単に機能的に実現できていないといった事項だけではなく，例えば，性能的に問題がある，あるいは，異常対処後の復旧動作に問題があるなど，様々な観点からの問題点を洗い出さなければならない．

① **機能テスト**：ソフトウェアが提供する機能やサービスが，ユーザの期待通りであるかどうかを，要件定義書などと照合しながら確認する．また，正常機能だけではなく，システムの非正常動作などに関するテストやオペレータの操作面についても操作マニュアルなどと整合がとれているかどうかを確認する．

② **性能テスト**：ソフトウェアシステムとして，提供する機能やサービスを，適切な時間内に処理し終えることができるかといった時間性能的な側面や，一定時間内にどれくらいの処理を実行できるか

などを確認する．また，システムの業務処理量が増大するなどして過負荷になった場合のシステム挙動に関する負荷テストや，メモリやストレージなどの使用量に関しての容量テストなども行う．負荷テストでは，多数のオペレータを用意して，同時にシステムの処理動作を実行させたり，予めバイアスとなる負荷を意図的に発生させるなどして，過負荷時のレスポンスタイムの変化やシステム動作を確認していく．

③　**回復テスト**：ソフトウェアシステムに異常などが発生して，それに対処した場合に，どれくらいの時間や労力で，ソフトウェアが必要な機能サービスを提供するように回復できるかなどを確認する．システムの異常時の対処などについては，システムが実運用に入ってからでは難しく，回復テストは開発段階で確実に実施しなければならない．

④　**セキュリティテスト**：情報システムの多くはネットワークを利用し，企業内の重要なビジネス情報の処理を担っている．こうしたシステムは悪意のある第三者に狙われやすい．このため，システムのセキュリティ面についてもテストで確認しておく必要がある．セキュリティについてはネットワーク接続されたシステムへの不正侵入の可否を確認するペネトレーションテストや，システムにとって予測不能な入力（fuzz）を与えて，システムの脆弱性をテストするファジングなどが利用される．

3．テストの手順

ソフトウェアのテストは，図10.8に示すように，テスト項目作成，テスト仕様書作成，テスト環境準備，テスト実施，テスト結果分析，リグレッションテストの順で進めていく．

(a) テスト項目作成

開発上流で作成した仕様書，設計書などを基に，どの機能について，どのような点を確認するかを検討し，テスト項目を作成する．通常，ソフトウェアの動作はソフトウェアがある状態にある場合に，ある操作やデータ入力などをすることで動作が実行される．このため，テスト項目を考える際には，動作の前提となるソフトウェアやシステムの状態，外部の条件などを明確にしたうえで，具体的

図 10.8 テストの手順

なテスト項目を決めていく．

(b) テスト仕様書作成

上記で検討決定したテスト項目は図 10.9 に示すようなテスト仕様書として整理する．テスト仕様書では，テスト項目について具体的にどのような入力を与え，その結果どのような出力や動作が期待できるかについても明示する．また，それらのテストを実施する際に必要となるテスト環境についても記載しておく．

(c) テスト環境準備

テスト仕様書に記載したテスト環境を用意する．実際にソフトウェアを動作させるためには，ハードウェアをはじめとして，周辺機器も含めて，動作環境を予め用意しておかなければならない．特に対象ソフトウェアが外部のシステムや装置，あるいはネットワーク接続された他の計算機ノードとの間でデータや情報のやり取りなどをする場合には，必要に応じて，それらの外部機器と接続できるようにしておかなければならない．また，テスト時の動作解析のためにデバッガをはじめとするテスト支援ツールなども予め用意しておく．

(d) テスト結果の分析

テストの実施結果は，テスト仕様書上にテスト実施記録として残しておく．その上で，期待と異なる動作や動作の不具合が見つかっ

1. テスト対象となるシステムの概要および対象物の特定
2. テスト環境
3. 実施するテスト項目と必要なテストデータ
4. テストの順序と操作手順
5. テスト実行時の期待出力および期待される動作結果
6. 個々のテスト項目を識別するための番号や記号（通し番号など）
7. テストの実施日程計画
8. テストの担当者

検査シート（単体・結合・システム）　　NO.

システム名　　プログラム名　　作成日　－　－　　担当者

項目番号		検査項目（大分類）			分類 機能・性能		
実績番号	内容	環境条件	入力データ	（期待）出力	検査結果	完了日	備考

注）　検査結果：検査実施日、合否、不合格の場合のトラブルシート番号、担当者名を記入する。再検査はトラブル記録シートで実施する。

図 10.9　テスト仕様書の目次構成

た場合，テスト実行の際にプログラムに与えた入力と得られた出力・結果を照らし合わせて，不具合の原因を分析する．この場合，必要に応じてデバッガなども用いて，プログラム実行をステップ実行などの形で再現し，プログラム上のどこに誤りがあるかを分析する．

(e) リグレッションテスト

ソフトウェアテストで検出された不具合は，前述の手順に従って，結果分析を行い，原因箇所を特定した後，不具合原因の除去や修正を行う．不具合の修正では，当該箇所を正しく修正することが求められるが，複雑なソフトウェアではプログラム内の構成要素が密接に関係しあっている場合もある．このためプログラムを部分修正した結果，他の箇所に修正の影響が及んでしまうといったことも考えられる．こうした事態も考慮すると不具合を修正したソフトウェアに対しては，当初のテストで用意したテスト項目を再度，全件にわたって再テストする必要があり，これを**リグレッションテスト**または**回帰テスト**と呼ぶ．リグレッションテストでは，プログラム構成要素やデータの関連などを明らかにして，プログラムの修正の影響がプログラム内のどこに及ぶかを解析するツールなども利用し，テスト項目を削減することもある．

4. テスト項目の作成

ソフトウェアに内在する不具合を効率良く検出するためには，質の高いテスト項目を用意しておく必要がある．質の高いテスト項目とは，ソフトウェアに内在するバグや誤りを確実に検出できるものをいう．通常，**ブラックボックステスト**，**ホワイトボックステスト**では次のような方法が利用される．

(a) ブラックボックステストのテスト項目作成

① **同値分割法**：図 10.10 に示すように，テスト対象ソフトウェアが 1～256 までの整数を受け付ける仕様となっているとする．この場合，ソフトウェアの正しさを厳密に確認しようとすると，1 から 256 までのすべての整数を順に入力して確かめることとなる．しかし，プログラムの内部処理を考えた上で，入力値として例えば 75 と 76 を入力することで，内部の処理が大きく変わるということはないと判断されれば，テストとしては 1～256 の間の代表値（有効同値）を 1 つ，この範囲を外れる 1 未満，257 以上の代表値（無効同値）をそれぞれ 1 つずつテスト項目とする．

② **限界値・境界値分析**：上記の有効同値，無効同値に加えて，各同値域の端点をテスト項目に加える考え方である．例の場合では，0，1，256，257 などの同値の境界点をテスト項目とする．これは，多くのプログラムで，こうした入力域の処理などで，条件分岐を用いているが，256 以上，256 未満といった具合に条件分岐の等号/不等号処理や分岐条件に誤りが入りやすい点を考慮した考え方である．

同値分割
プログラムの入力域を同値クラスに分割し
代表的なデータを取り出してテストする手法

ユーザからの入力は 1から256までの整数 ⇨ 有効同値　1≦入力値≦256
無効同値　入力値＜1, 256＜入力値

限界値/境界値分析
入力/出力の境界値や限界値をテスト対象とする
（一般的には同値クラスの端点）

入力値＝{256,257}, {0,1}

（a） 同値分割・境界値分割

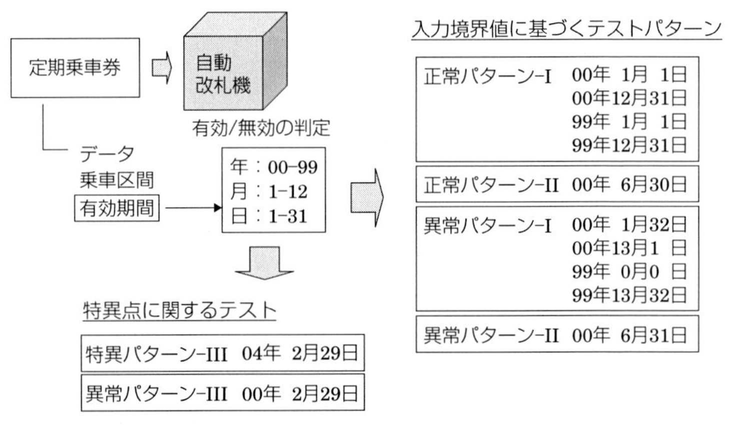

（b） 同値分割・境界値分割の利用例

図 10.10

テストケース		1	2	3	4
入力	年令割対象者	○	○	×	×
	感謝デー	○	×	○	×
出力	一般料金	×	×	×	○
	年令割金額	×	○	×	×
	感謝デー料金	○	×	○	×

図 10.11　ディシジョンテーブル

③　**ディシジョンテーブル**：ソフトウェアの動作は，プログラムに対して様々なデータや値の組み合わせを入力し，その結果として，ある出力が得られる場合が多い．ディシジョンテーブルはこのよう

な入力値の組み合わせを整理し，テストケースを考えていく方法である．例えば，第 9 章の東博新線の料金計算プログラムの場合，料金割引部分については，計算の入力条件として年齢別割引と優待デーが与えられると，それに応じた料金計算が行われ出力される．図 10.11 は，このプログラムの入力条件と得られる結果の関係を整理してテスト項目を導出した例である．

(b)　ホワイトボックステストのテスト項目作成

①　**命令網羅テスト**：命令網羅テストはソフトウェアを実現しているプログラムで記述されたすべての命令を最低 1 回は実行するように，様々な入力条件を用意して，テストパスを工夫する考え方である．図 10.12 では，日付判定部の条件分岐により，2 つの実行パスが出現するが，命令網羅の考え方をとると，命令「感謝デー割引」を含む側のパスのみ実行するように，テスト項目を用意することとなる．

②　**分岐網羅テスト**：分岐網羅テストはプログラム中の分岐箇所において，すべての分岐方向の必ず一度は通過させるという考え方に基づきテスト項目を設計する．図 10.12（b）の場合，日付判定部で，右方向に分岐する場合（5 日等）と左方向に分岐する場合（7 日等）をデータとして与えて，左右両方のパスを通過するテストを行う．

③　**条件網羅テスト**：分岐条件箇所において，個々の条件を満たす

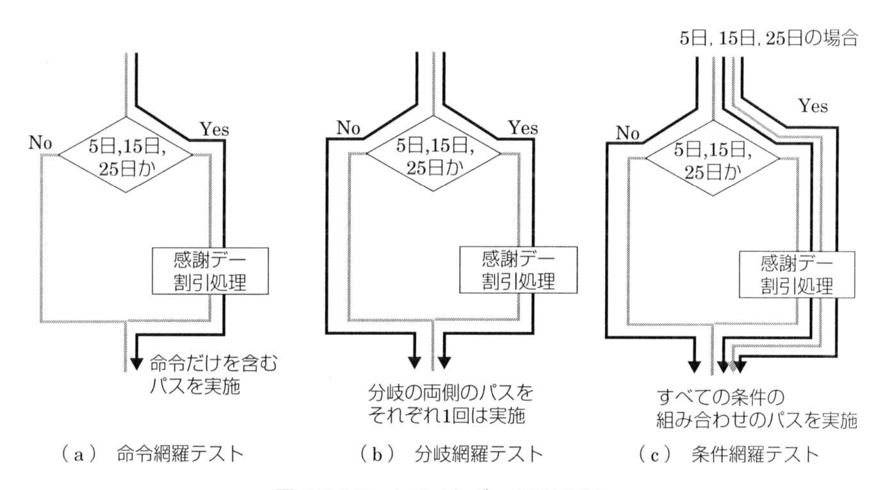

（a）　命令網羅テスト　（b）　分岐網羅テスト　（c）　条件網羅テスト

図 10.12　ホワイトボックステスト

すべての条件の組み合わせを用意し，テストパスを設計する．図10.12（c）の場合，5日，15日，25日とそれ以外という4つのパターンが考えられるため，それぞれを設定してテストする．

ホワイトボックステストでは**テストカバレッジ計測ツール**を用いることにより，実際にテスト実行時にどの程度の命令や分岐を網羅しているかを計測することができる．テストにおける命令網羅の度合いを**C0カバレッジ**，分岐網羅の度合いを**C1カバレッジ**と呼ぶ．また，分岐条件の網羅度合いは**C2カバレッジ**と呼ばれる．それぞれの網羅率は高いに越したことがなく，プログラム中のすべての命令や分岐を網羅することが理想である．しかしながら，現実のソフトウェア開発にあっては，100％の網羅率を実現するのはコストや期間面からも難しく，70％前後を目安と考えるのが現実的である．このため，実際のテストでは考えられる網羅パスの中でも特に意味のあるあるいは重要なパスを優先してテストする戦略をとる．また，テストカバレッジツールは，命令や分岐の実行・通過を計測するためにソースコードや実行コードレベルで計測プローブを挿入するものが多い．一部のソフトウェアではこの計測プローブを挿入することにより，動作タイミングに影響が及び，実機動作に差異が生じてしまうといった場合もあり，注意が必要である．

5. テスト項目の最適化

近年の情報システムや組込みシステムは様々な機能実現が期待されており，ソフトウェアで実現する機能数が非常に多くなってきている．これに伴い，それらのソフトウェアの動作を確認するためのテスト項目も膨大な数になる場合が多い．一方では，開発の中でソフトウェアテストに充当できる時間や工数は限りがある．このため，テストは可能な限り効率的に実施しなくてはならない．テストの効率を上げるためには，膨大なテスト項目について，テスト項目の重複をなくしたり，1つのテストで複数項目の確認をできるようにしたり，あるいはより不具合の検出効率の高いテスト項目を選び，優先的に実施していく方法が一般的である．

(a) テスト項目の優先度付けと取捨選択

仕様書や設計書をもとにテスト項目を作成した後，実際のテスト

期間などを考慮して，**テスト項目の絞り込み**を行う．テスト項目を絞り込む場合には，

- 対象ソフトウェアが提供する機能別の重要度
- 対象ソフトウェアが提供する機能別のユーザの利用頻度
- それぞれの機能が不具合を起こした場合の影響度合いや被害の程度
- 他の機能や外部のソフトウェア，システムとの関係
- 不慣れな開発者や初心者が開発した部分

などを中心に，テスト項目に優先度をつけ，この優先度に応じて項目の取捨選択を行う．

(b) 条件組合せに関するテスト項目の削減

ソフトウェアシステムが提供する様々な機能では，条件によって動作が異なる場合などが多い．このため，様々な条件を組み合わせてテスト項目を考える必要があり，その結果として，テスト項目が膨大な数になってしまう．こうした問題を解決する方法として，条件の組み合わせパターンに着目し，それらを削減する方法が利用される．代表的な方法として，実験計画法で利用される**直交表**を応用した方法や，機能を２つずつペアにしてその組み合わせの全てを考えていく**ペアワイズ法**などがある．

このうち直交表を用いる方法は，実験計画法の中で提案された複数要因間の関係を整理するための方法である直交表を用いてテスト条件の割り付けを行う．直交表を構成する要素としては，因子と水準がある．例えばソフトウェアの機能に関するテストに直交表を利用する場合，因子はそれぞれの機能であり，水準は機能がとり得る選択肢ということになる．例えば，身近なアプリケーションソフトウェアでのパスワードを利用したユーザ認証などの場合，「パスワードの確認」という機能が因子，確認の結果としてとり得る値である「正常パスワード」「不正パスワード」が水準ということになる．実際のシステムでは，このような因子（機能）が多数あり，それぞれの水準（値）をもつことになり，テストではそれらの組み合わせの全パターンを確認しなければならない．直交表を用いたテストでは，因子と水準を直交表に割り付けることでこの組み合わせパターンを削減する．直交表は１つの因子に２つの水準値をもたせる２水

因子　　　＝{水準1，水準2}
患者種別　＝{新患，再診}
診療種別　＝{保険診療，自費診療}
費用負担率＝{30%，10%}

L_4 直交表

No.	A	B	C
1	1	1	1
2	1	2	2
3	2	1	2
4	2	2	1

テストケース	患者種別	診療種別	費用負担率
1	新患	保険	30%
2	新患	自費	10%
3	再診	保険	10%
4	再診	自費	30%

図 10.13　直交表

準系直交表など様々なものがあり，それらをアレンジして対象にふさわしい直交表を用意してテストパターンの割り付けを行う．

図 10.13 は 2 水準系の直交表の最も簡単な L_4 直交表を用いて，第 1 章の歯科医院向け診療支援システムの帳票表出力機能（第 8 章）の一部について，テスト項目を設計した例である．この例では，ソフトウェア機能動作の影響因子として，患者種別，診療種別，費用負担率を考えた．これらの条件を全て組み合わせると $2\times2\times2=8$ 種類となる．これに対して，直交表を用いてテストパターンの絞りこみを考えると，因子数は 3 で各因子は取りうる値（水準）が 2 つずつであるため，L_4 直交表を利用することができる．L_4 直交表を用いると，図右表に示すように 4 パターンの条件の組み合わせを割り付けることができ，この場合，この 4 パターンをテストケースとして採用することができる．このように直交表を用いたテストは，システムなどの動作条件などが多様で，その組み合わせによって動作を確認しなければならない場合に，条件を最適な形で組み合わせることで，テストケースを絞り込むことができる．

6. テスト環境の準備

(a) スタブ・ドライバ

単体テストや結合テストではテストの対象となる部分はプログラム中の一部にとどまる．この場合，テスト対象部分だけを取り出して，コンパイルやリンク・ビルドを行うことはできない．このため，これらのテストを行う場合には，図 10.14 に示すような**スタブ**，**ドライバモジュール**を用意しなければならない．スタブモジュールと

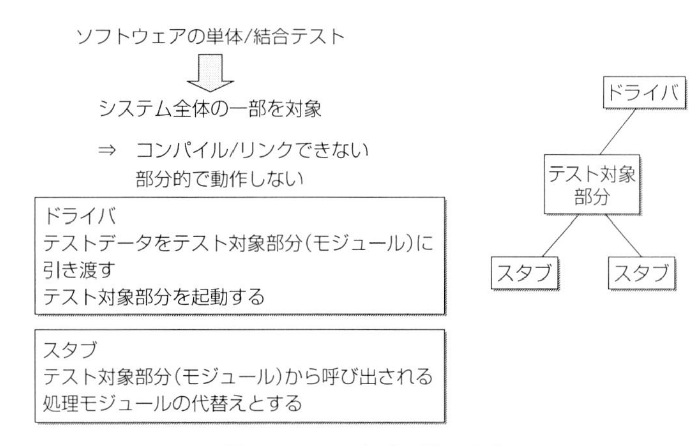

図 10.14 スタブ・ドライバ

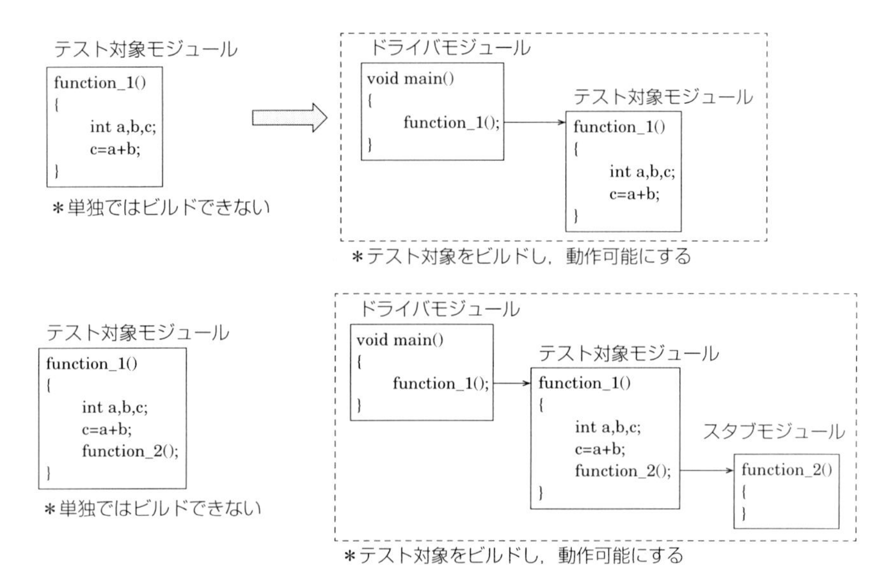

図 10.15 スタブ・ドライバ

はテスト対象モジュールがその下位のモジュールを呼び出す場合に，下位モジュールの代わりをするためのモジュールであり，モジュール間の呼び出しインタフェースのみを合わせてコンパイル・リンクを通すようにしたものである（図 10.15）．また，ドライバモジュールとはテスト対象モジュールを呼び出して利用する側のモジュ

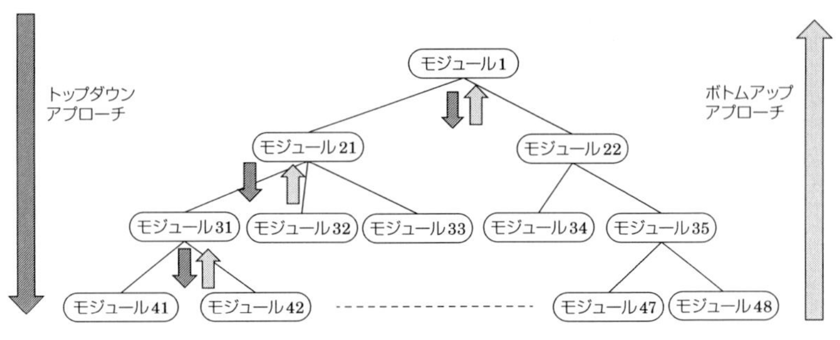

図10.16　トップダウン・ボトムアップアプローチ

ールの代わりをするものであり，スタブモジュールと同様にインタフェースのみ合わせてテスト対象モジュールの呼び出しのみ行う．

単体テスト，結合テストではこのようなスタブ・ドライバの作成も含めて，プログラム全体をどのような順序で連結してテストしていくかを考える必要がある．基本的な方式としては，上位のモジュールから順次作成し結合してテストしていく**トップダウンテスト**という考え方と，下位のモジュールから作成し順次上位のモジュールを結合してテストしていく**ボトムアップテスト**という2つの考え方がある．これらのどちらを採用するかは，プログラムで実現する機能や，プログラム中で利用するコンポーネントや過去の設計資産の状況に依存する．

(b) シミュレータの活用

ソフトウェアの中には，外部のソフトウェア，あるいは外部のシステムやセンサなどから，様々な情報やデータを受け取り動作するものがある．このようなソフトウェアをテストする場合，実際にそれらの外部環境（外部ソフトウェアやシステム）を接続してテストしなければならない．しかしながら，それらの外部環境がテスト段階で用意できない場合も少なくない．この場合には，欠落している外部環境部分をシミュレータなどを利用して論理的に補ってテストする．シミュレータはソフトウェアの動作に必要な情報をインタフェースを合わせる形で用意し投入する単純なスクリプトのようなものから，周辺のシステムやハードウェア機器の動作を模擬する複雑なシミュレータまで，様々なタイプのものが用意され利用される．

シミュレータはソフトウェア動作に必要となるデータ投入を主な

役割とするため，シミュレータを利用したテストでは，ソフトウェアの機能面の動作確認を目的とする場合がほとんどである．言い換えると，実世界における処理時間などを考慮する性能面のテストにはシミュレータの利用は適していない．

なお，システムを構成するハードウェアやネットワークをモデル化してシステムの性能値を予測する場合には性能シミュレータなどを用いる場合もある．

10.5　不具合情報の管理とテストの評価

1．不具合情報の管理

ソフトウェアのテストの目的はプログラムに内在する誤りや不具合を検出することであり，テストでは大小含めて様々な不具合が検出される．テストで検出された不具合は修正されなければならないが，その場合，どのような条件の下でどのような不具合が検出されたかといった不具合情報を適切に管理しておかなければならない．

(a) 不具合管理票

テストで検出されたソフトウェアの誤りや不具合は，図 10.17

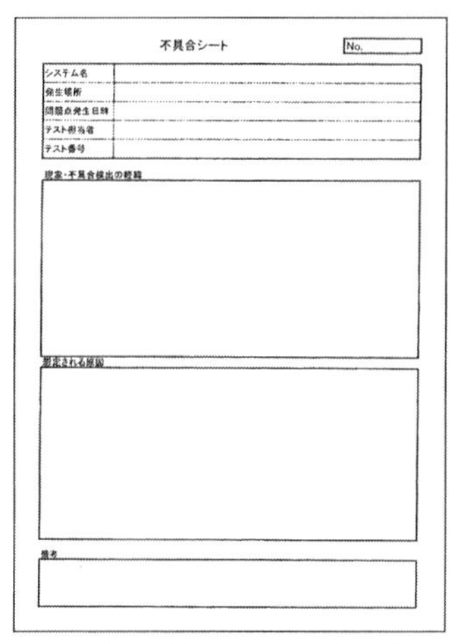

不具合シート　No.

システム名	
発生場所	
問題点発生日時	
テスト担当者	
テスト番号	

現象・不具合検出の経緯

想定される原因

備考

（a）一般的な不具合管理票

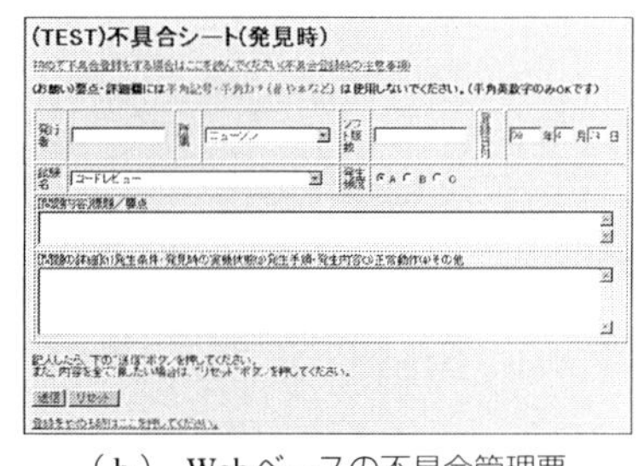

（b）Webベースの不具合管理票

図 10.17　不具合管理表

(a) に示すような**不具合管理票**（バグシート）にもれなく記録する．不具合管理票では，不具合の検出日，不具合検出者とともに，どのような入力や動作条件下で，どのような不具合が発生したかを記録する．検出した不具合については，不具合管理票の情報をもとに，再度，同じ条件で動作させて同様の不具合が発生するかを確認し，その不具合の原因を調査する．また，このようにして確認した不具合を修正する場合には，修正内容も不具合表に記載する．

(b) 不具合レベル

テストで検出された不具合は，大なり小なり対象のソフトウェアの動作にさまざまな影響を及ぼす．しかしながら，それらの不具合の影響程度により，修正も含めた不具合への対処は異なってくる．通常，検出された不具合は，

ランク A：ソフトウェア動作や機能に深刻な影響を及ぼすもの
ランク B：中程度の影響度及ぼすもの
ランク C：軽微な影響しか及ぼさないもの

といった形で3段階程度にランク分け（**不具合ランク**）し，それぞれのランクに応じて修正を含めた対応レベルを変える場合が多い．当然のことながら，A ランクの不具合に対しては，早急に漏れなく修正を行わなければならないのに対し，C ランクの不具合に対しては，ソフトウェアの運用面で対応したり，修正は次の開発バージョンで対応するなどといった対策をとることも検討する．

(c) 不具合管理情報の共有化

中規模以上のソフトウェア開発の場合，複数人で開発を分担したり，組織横断的なプロジェクトによって開発を進める場合が多い．このような開発形態をとる場合，テストで検出された不具合の情報や，不具合修正に関する情報を関係者間で共有化しておくことが大切である．このため，不具合管理表を関係者間で回覧したり，共有のフォルダーにおくなどして，関係者が随時，確認できる状態にしておく．規模の大きなプロジェクトでは不具合情報を関係者間でシェアする不具合管理ツール（図 10.17 (b)）を利用する場合もある．

2. 信頼度成長曲線

ソフトウェアのテストを実施していく過程で，ソフトウェアに内

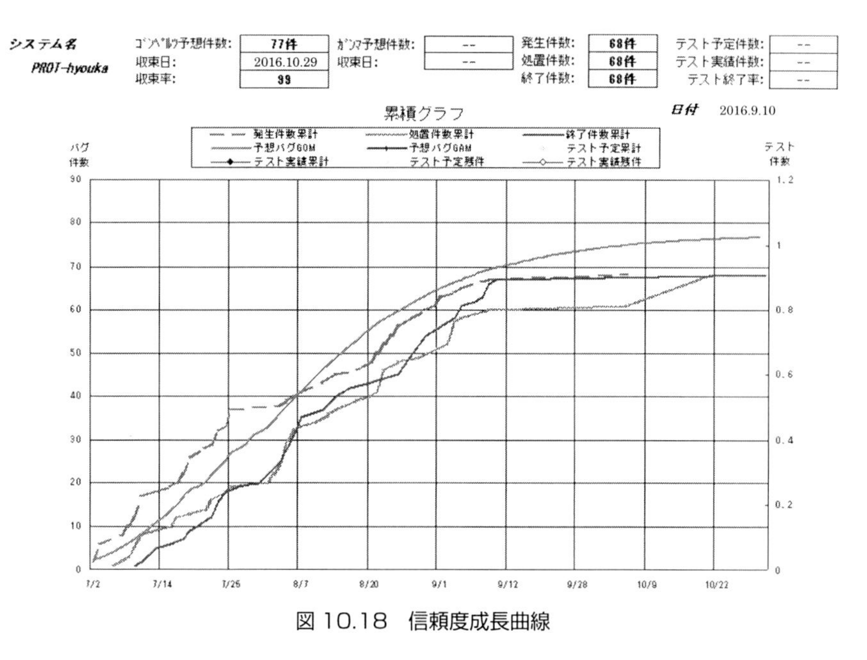

図 10.18　信頼度成長曲線

在する不具合をどの程度検出したかを把握する必要がある．この際に利用されるのが**信頼度成長曲線**である．信頼度成長曲線は，横軸にテスト実施日数や時間数を，縦軸にテストで検出された不具合の累積数を取り，曲線近似によりプロットをつなげていく．良条件でテストを行った場合，この近似曲線は図 10.18 に示すようにＳ字に近い形状となることから**Ｓ字カーブ**などとも呼ばれる．この近似曲線については，**ロジスティック曲線**，**ゴンペルツ曲線**をはじめとして，様々な近似式が提案されている．通常，予定しているテスト項目が 50 %程度を終えた時点から，これらの近似式に当てはめることで，対象ソフトウェアに最終的に不具合がいくつ含まれるかを予測することができる．また同時に，この曲線がほぼ水平になり不具合の増加がみられなくなった時点を不具合の収束とよび，対象ソフトウェアに内在する不具合のほぼすべてを検出し終えたと解釈される．近似式に当てはめてシミュレーションすることで，不具合がいつ頃収束するかについても予測することができる．このため，中規模以上のソフトウェアのテストでは，テスト終了時期や出荷判定時期の見通しを立てることなどを目的として，信頼度成長曲線を利

表 10.3　信頼度成長曲線モデル

信頼度成長曲線モデル
指数形ソフトウェア信頼度成長モデル $H(t) \equiv m(t) = a(1-e^{-bt}) \quad (a>0,\ b>0)$,
修正指数形ソフトウェア信頼度成長モデル $H(t) \equiv m_p(t) = a\sum_{i=1}^{2} p_i(1-e^{-b_i t})\ (a>0,\ 0<b_2<b_1<1,\ \sum_{i=1}^{2} p_i = 1,\ 0<p_i<1)$,
遅延S字形ソフトウェア信頼度成長モデル $H(t) \equiv M(t) = a[1-(1+bt)e^{-bt}] \quad (a>0,\ b>0)$,
習熟S字形ソフトウェア信頼度成長モデル $H(t) \equiv a(1-e^{-bt})/(1+c \cdot e^{-bt}) \quad (a>0,\ b>0,\ c>0)$,

用することが多い．

なお信頼度成長曲線はゴンペルツ曲線やロジスティック曲線のほかにも表10.3に示すように様々な近似モデルが提案されている．一方で，これらの信頼度成長曲線は，統計による回帰分析などを基礎として得られた推定モデルであるため，いずれも一定規模以上のソフトウェアにしか適していない．具体的には，テスト期間が約1ヵ月程度くらい，検出不具合数も100件程度を超えるものでないと，正しい推定ができない．また，対象ソフトウェア内にある程度，均等に不具合が内包され，それらに対し，むらなく均等にテストすることが前提となっていることを理解しておかなければならない．

3．テストの評価

テスト作業終了後に実施したテストが適切であったかどうかを確認・評価する．テスト中の信頼度成長曲線がどのような形になっていたかや，不具合が収束しているかなどが重要な確認項目となる．また，そもそものテストの十分性などについては，以下のような指標値を用いて評価する．

① **テスト項目密度**：対象ソフトウェアに対してどれくらいの粒度でテストを実施したかを確認する指標であり，テスト項目数をソースコード行数で割った値で評価する．テスト項目密度は言語などにもよるが，単体テストの場合には約1項目/10 LOC程度，結合テストレベルでは1項目/30 LOC程度，システムテストでは1項目/100 LOC程度を目安とする．

② **バグ密度**：テストで検出された不具合やバグがどの程度かについて，単位行数当たりの数で評価する．具体的にはバグ数をソースコード行数で割った値となる．この指標は対象ソフトウェアの出来が悪い場合には大きくなる．一方で対象ソフトウェアのどの部分に対してどのようなテストを実施したかによっても大きく値が変わるという特徴を持っているため，あくまでも参考値として利用するのが望ましい．

③ **不具合修正率**：テストで検出した不具合のうちいくつを修正したかを表す指標．修正不具合数を検出不具合数で割った値を用いる．不具合修正率は原則 100 %とすべきであるが，軽微な不具合などについては対応を次のバージョンに回すといった現実的な判断がなされる場合もあるため，実際の数値は 100 %よりは低くなる場合がある．

4. ソフトウェアの版管理・構成管理

ソフトウェアテストで検出された不具合は，そのランクに応じて不具合修正を行う．修正はプログラムを対象として修正をする場合もあれば，そのもととなる設計書や仕様書に修正が加わる場合もある．この際，修正前のソフトウェアと修正後のソフトウェアは別物として正しく認識できるようにしておかなければならない．このため通常は，ソフトウェアにバージョン・リビジョン番号をつけ，管理する．複数のプログラムなどから構成されるソフトウェアの場合，図 10.19 に示すように，ソフトウェアを構成する要素（プログラム，データファイル，仕様書，設計書など）にそれぞれ**バージョン**，**リビジョン**をつけ，その上でソフトウェアが，どのリビジョンのプログラム，データファイルから構成されているかを明確に管理しておく．

開発の過程で何回かの不具合修正や機能追加を繰り返していくと，その過程で，様々なバージョン，リビジョンのプログラム，データファイルなどが生まれてくる．このように開発途中で派生したソフトウェア構成物がどのような関係になっているかを明確にするため，構成物の親子関係などを明示するツリーを作成して管理しておく．

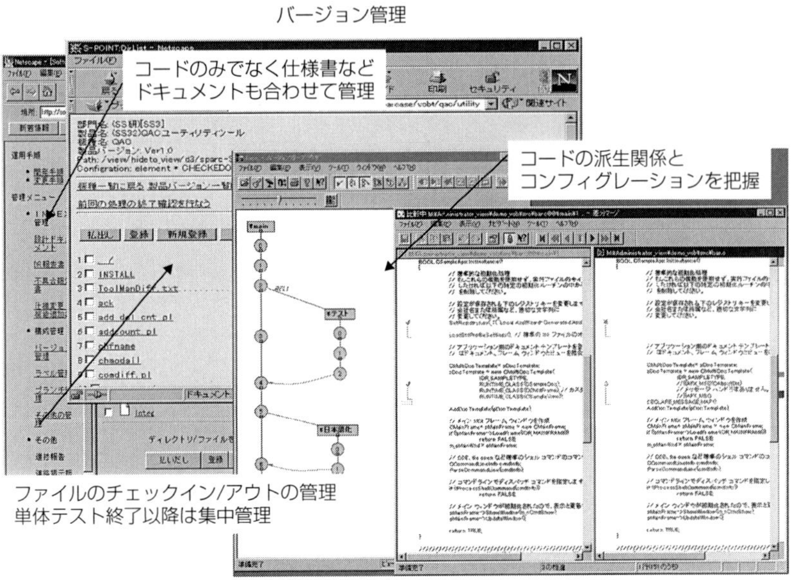

図 10.19　バージョン管理

また，プログラムやデータファイルなどは，それぞれ作成担当者がいて，それらの担当者が必要に応じて，修正や機能追加を行う．しかしながら，ソフトウェア全体，あるいはプロジェクト全体として見た場合に，それらの構成部分が個人管理の状態で随時，変更される状況は好ましくない．このため，ひとたび開発を終了したプログラムやデータファイルは，基本的にプロジェクトの共通資産として，組織的な管理下に置くことが望ましい．その上で，不具合修正，機能追加の必要性が生じた場合には，プログラムの払い出しなどの手続きを明確にして，個人レベルの作業を行うような作業管理形態を持たせていく．

近年の中規模以上のソフトウェア開発では，こうした開発中のプログラムなどの中間成果物の管理をシステマティックに行うための作業プラットフォームとして，成果物のチェックイン/チェックアウトを行う仕組みを導入しているプロジェクトも多い．

演習問題

問 1　第 9 章に示した東博新線：乗車運賃計算サブシステムの仕様を参考に，同値分割法，境界値分析法を用いて，テスト項目を作成しなさい．

問 2　このサブシステムの設計として，年齢をもとにした運賃計算部分を 1 つのモジュールとして実現する場合，この部分の単体テストをする際に必要となるスタブまたはドライバモジュールを検討しなさい．

第11章

開発管理と開発環境

ビジネスとしてのソフトウェアは，プロジェクトやチームによって開発される場合が多い．このような場合，チーム内の開発を円滑に進めるために開発管理と開発環境を整備しなければならない．本章では，開発の基盤となる開発管理と開発環境について説明する．

11.1　ソフトウェア開発管理の役割

チームとしてソフトウェア開発を進める場合，メンバーはそれぞれ役割分担をして作業を進めていくことになる．例えば，プログラム実装を考えた場合，あるメンバーはユーザインタフェース部分のプログラムを担当し，別のメンバーはデータベース関連を担当するといった形になる．このような場合，この二人の作業が正しく連携していないと，作成したユーザインタフェース上に，必要なデータが表示できないなどの問題が発生してしまう．開発管理とはこのように作業分担によって進むチームやプロジェクト内の開発が円滑に進むようにするための工夫である．

ソフトウェア開発の多くは，プロジェクトの形で進められるため，**開発管理**は，**プロジェクトマネジメント**とほぼ同義であると考

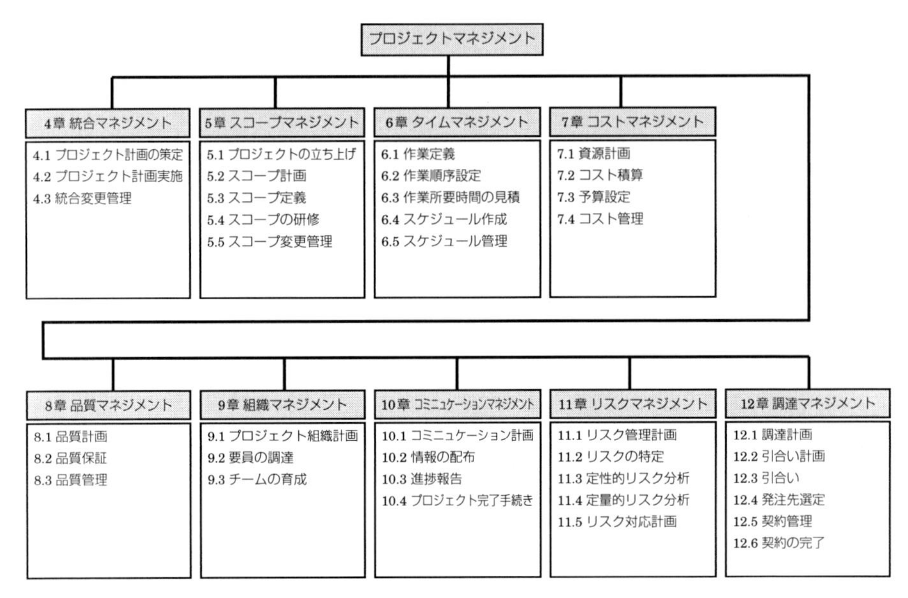

図 11.1　PMBOK

PMBOK：Project Management Body Of Knowledge

えてさしつかえない．プロジェクトマネジメントの考え方を整理した **PMBOK** では図 11.1 に示すように９つの関連技術について言及している．以下ではこのうち，特に初学者がチームの一員として作業するうえで理解しておかなければならない，時間管理とコミュニケーションについて説明する．また，チームとして開発する際の成果物の管理についても説明する．

11.2　時間管理

1．時間管理の基本的な考え方

ビジネスとしての製品開発では開発期間が定められている場合がほとんどである．ソフトウェアシステムの開発プロジェクトの場合，開発初頭の要求分析から始まり，製品としてのシステムテスト，顧客サイドでの据え付け調整が終わるまでがプロジェクトにおける開発期間と考えることができる．この期間内にプロジェクトメンバーは様々な作業を分担して進めることとなる．ここでプロジェクトで実施する開発作業は通常，第2章で紹介した開発プロセスの概念に基づいて必要な作業を決定して実施される．プロジェクトの開発期間を守るためには，プロジェクトの開始と終了という2点の時間を意識したとしても，その間に実施される開発プロセスや作業に必要以上の時間がかかってしまっては，開発期間を守ることはできない．このため，プロジェクトで実行する開発プロセスや作業などを考慮した開発スケジュールを立案し，それに基づいて，各プロセスや作業が順調に進んでいるかどうかを適宜確認して，最終的な開発終了時期をキープする方法がとられる．

2. 開発スケジュール

ソフトウェアシステムの開発プロジェクトでは，プロジェクト全体として，

① どのような開発プロセスでどのような作業を

② いつ誰が担当して進めていくか

という開発スケジュールがプロジェクトマネジャによって作成されて参照実行される場合が多い．開発スケジュールは図11.2に示す

＊図2.3再掲

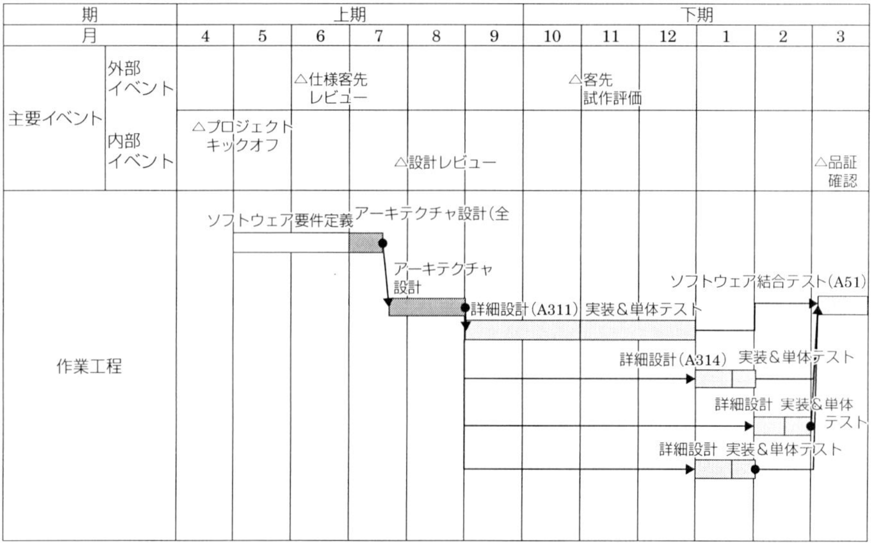

期		上期						下期					
月		4	5	6	7	8	9	10	11	12	1	2	3
主要イベント	外部イベント			△仕様客先レビュー				△客先試作評価					
	内部イベント	△プロジェクトキックオフ				△設計レビュー							△品証確認

作業工程：ソフトウェア要件定義，アーキテクチャ設計（全，アーキテクチャ設計，詳細設計（A311） 実装＆単体テスト，ソフトウェア結合テスト（A51），詳細設計（A314） 実装＆単体テスト，詳細設計 実装＆単体テスト，詳細設計 実装＆単体テスト

図11.2 開発スケジュール*

ように，横軸に日付をとり，その間でどのような作業や開発プロセス，工程が実施されるかを線で表記するものが多く，開発線表とも呼ばれる．この線表上には，プロジェクト全員が意識しなければならないイベントなども併記される．イベントとは例えば，顧客による仕様の確認やシステム動作確認の立会い，また開発チーム内のプロジェクト開始（キックオフ），レビューなども含まれる．これらは線表上に日付が明記される．

3. 進捗の確認と報告

複数メンバーによる分担開発では，それぞれの作業のタイミングを合わせていかないと，作業順序に狂いが生じたり，予定外の作業待ちが発生するといった問題が発生してしまう．このため，各作業の担当者は，プロジェクトの開発スケジュールを確認して，そのスケジュールと各自が担当している作業の進み具合を対比して，適切なタイミングでプロジェクトマネージャやチームリーダに作業状況を報告する．なお，このプロジェクトマネージャによる作業の進み具合の確認を**進捗管理**という．

作業者の視点からは，担当した作業に何らかの支障が生じて作業の進み具合などに問題がある場合には，その理由や状況をプロジェクトマネージャやチームリーダに報告し，指示を仰ぐようにする．こうした状況を作業者個人レベルで抱え込んでいると，時として，対処が遅れてプロジェクト全体に影響が及んでしまう場合もある．

進捗確認の方法としては，プロジェクトや開発チーム内で週 1 回や隔週程度で進捗確認ミーティングなどを行う場合が多い．この際に，開発担当者はそれぞれの分担している作業について，

① 現在どこまで進んでいるか

② この先の見通しはどうか

③ 現段階で考えられる作業上の課題は何か

などを説明できるように，予め資料などを用意しておくとよい．また，進捗確認では各自が担当している作業と関係している作業についても，作業内容や作業タイミングの調整をするようにする．

WBS			WBSディクショナリ					
プロセス名	WBSコード	ワークパッケージ	作業責任者	作業開始予定日	作業終了予定日	作業期間	平均工数	作業工数
ソフトウェア要件定義	制約条件検討	制約条件リスト	A					
	機能要求分析	機能要件リスト 機能要求図	B					
	非機能要求分析	非機能要件リスト	B					
	要件優先度付	優先度リスト	A					
	要件仕様書整理	要件仕様書	B					

抽出した作業をプロセスごとに分類し，ワークパッケージとペアにして整理する

この部分は作業量の概算見積もりにより求める

図 11.3 WBS*

*図 2.6 再掲

4. 作業の効率化

プロジェクトとして開発を進める場合，個々の開発者が担当している作業についても，常に各作業の作業着手日や締切日を意識して作業を進めなければならない．この場合，各作業をできるだけ効率的に進められるように，作業着手前に，作業順序などを十分に考えてから着手する．作業順序については，

① まず，どのような作業が必要かを洗い出し

② 各作業に要する凡その時間数を見積もり

③ 各作業に順序関係がないか，順序関係がない場合には並行に作業ができないか

などを順番に検討していく．もちろん各作業については，作業着手のための前提条件なども確認しなければならない．

上記の手順うち，①②は図 11.3 に示す WBS などの様式で検討することも可能である．また，③については図 11.4 に示すような作業パスを考えてるPERTと呼ばれる方法も利用できる（2.6節参照）．

11.3 コミュニケーション

1. コミュニケーションとは

チームやプロジェクトにおけるソフトウェア開発では，メンバー間の意思疎通が極めて重要である．こうした意思疎通の手段の代表

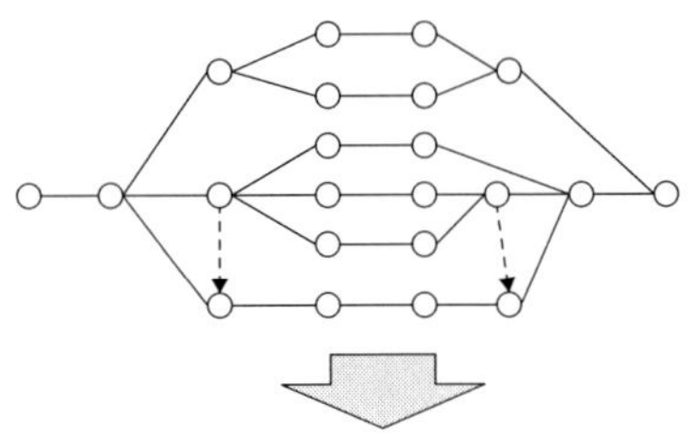

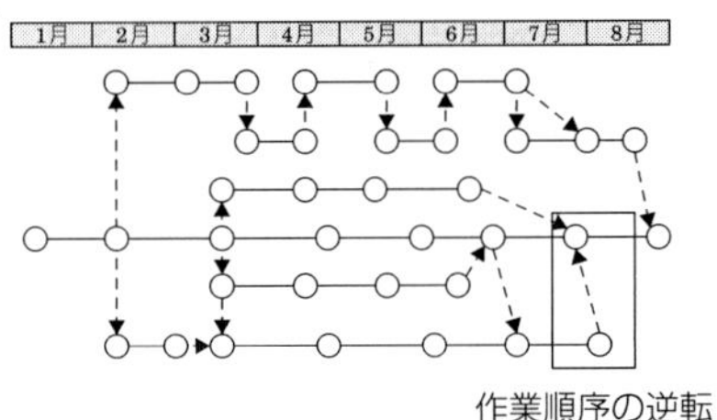

図 11.4　PERT（Program Evaluation and Review Technique）

的なものがコミュニケーションである．コミュニケーションの手段としては会話によるもの，文書によるものなどがある．

2. 会話によるコミュニケーション

開発者間の会話はコミュニケーションの基本である．開発者間では，お互いの進捗状況の確認，課題点の確認などあらゆる場で会話によるコミュニケーションが行われる．一般的にこうしたコミュニケーションでは，報告・連絡・相談が中心になるが，それぞれ開発の中で必要なタイミングで随時，コミュニケーションをとらなければならない．

一方で，会話によるコミュニケーションは，その瞬間瞬間でのものとなるため，その内容や結果については必要に応じて記録を残す工夫も必要である．ソフトウェア開発の現場では，進捗ミーティングをはじめとして会話を中心にしたミーティングなども多く，それらについては議論した内容や決定事項を議事録などの記録に残しておく必要がある（図 11.5）．

3. 文書によるコミュニケーション

開発の過程では，会話によるコミュニケーション以外でも文書な

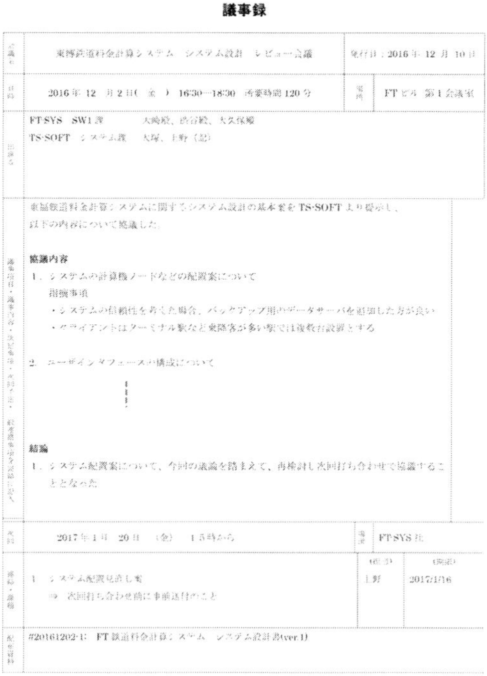

議事録

東都鉄道料金計算システム　システム設計　レビュー会議　　発行日：2016年12月10日

2016年12月2日（金）16:30—18:30 所要時間120分　　場所　FTビル 第1会議室

FT-SYS SW1課　大崎殿、渋谷殿、大久保殿
TS-SOFT システム課　大塚、上野（記）

東都鉄道料金計算システムに関するシステム設計の基本案をTS-SOFTより提示し、
以下の内容について協議した。

協議内容
1. システムの計算機ノードなどの配置案について
指摘事項
・システムの信頼性を考えた場合、バックアップ用のデータサーバを追加した方が良い
・クライアントはターミナル駅など乗降客が多い駅では複数台設置とする

2. ユーザインタフェースの構成について

結論
1. システム配置案について、今回の議論を踏まえて、再検討し次回打ち合わせで協議することとなった

2017年1月20日（金）15時から　　場所　FT-SYS社

1 システム配置見直し案　（担当）上野　（期限）2017/1/16
⇒ 次回打ち合わせ前に事前送付のこと

#20161202-1: FT鉄道料金計算システム システム設計書(ver.1)

図 11.5

どを用いたコミュニケーションも必要となる．代表的なものとしては，要件定義書，設計書をはじめとする開発文書や，レビュー記録などの文書がある．こうした文書を用いた意思疎通の場合，読み手に誤解を与えない表現とすることに留意しなければならない．例えば，複数通りに理解できてしまう曖昧な表現，あるいは読み手しか理解できない用語などは極力排除する．開発に不慣れな技術者の場合，こうした表現上の曖昧さや文書としての内容面の適切なども含め，経験のある技術者に目を通してもらい，より適切な文書となるように指導を受けるとよい．

また，文書によるコミュニケーションの場合，文書は時間を経ても確認することができる一方で，それらの文書がいつ作成されたものであるかが重要になることが多い．開発初期の段階では，このような要件であったものが，開発の途中で顧客の要望で要件が変更されるケースなどでは，要件仕様書に記載された事項がいつの段階のものであるかを，振り返って確認できるように日付や担当者などの情報を明記しておく．

11.4　成果物管理と構成管理

1．成果物管理の基本的な考え方

複数人で開発する中規模以上のソフトウェアシステムの開発の場合，仕様書，設計書，プログラムなどをはじめとして開発の過程では様々な中間成果物が作成される．多くの場合，こうした成果物は，作業者の個人作業の中で作成されるものが多く，また，それぞれの成果物はソフトウェアの部分部分に関するものである場合が多い．特に意識をしない場合，こうしたソフトウェアに関する成果物は開発担当者の個々の PC などの中に無秩序に保管され，個人管理されている状態となってしまう．

成果物を個人管理の状態で放置しておくと，関係する他のメンバーが認識しない状態で安易な変更などを行い，ソフトウェアを構成する部分間で不整合が起きてしまうこともある．また，個人レベルで管理をすると，必要な情報を紛失・散逸したりといったリスクも増加してしまう．このため，成果物を個人管理に任せておく状態は，企業におけるビジネスとしては好ましくない．

このため，個々の開発者が作成した成果物は，組織的な管理下に置くようにする．すなわち，個々人が分担した作業について，プロジェクト内で確認が取れた段階以降は，プロジェクトで定めたルールに従って，成果物は共通フォルダなどに移して管理するようにする．

このようにしてプロジェクトの管理下に置かれた成果物については，開発者が何らかの理由で修正や追加などの作業を行う場合にも，プロジェクトで定めた手順に従って作業者の個人環境に取り出し，そこで作業をするようにする．

2．構成管理の基本的な考え方

一方，中規模以上のソフトウェアシステムでは，ソフトウェアを構成するプログラムが複数本以上あったり，それらに関係する設計書や仕様書類，あるいはマニュアルなども複数存在する場合が多い．このような状況において，開発したソフトウェアを顧客に引き渡す場合，顧客にどのようなバージョンのどのプログラムや仕様書・設計書が引き渡されているかが曖昧になってしまう可能性もある．実際に過去の製品トラブルでは，顧客に誤って古いバージョンのプログラムを取り違えて引き渡した結果として，客先でのトラブルに至った例などの報告は枚挙にいとまがない．また，開発プロジェクト内部でも，古いバージョンのソフトフェアを間違って取り出して，修正を加えてしまったり，仕様書とプログラムのバージョンが異なるものを間違って修正するといったトラブルなども発生する場合がある．

このようなトラブルを未然に防ぐために，構成管理が行われる．構成管理とはソフトウェアを構成する要素である仕様書，設計書，プログラム，テストデータやテスト仕様書，マニュアルなどの様々な成果物について，そのバージョンを含めて正しく把握し，それぞれの成果物間の関係がどのようになっていて，どのように対応づけられるかを管理する方法である．通常は，各成果物のバージョン毎に，対応する他の成果物との関係情報を記録したり，それぞれの成果物のバージョンの変更状況を記録したりして，対応関係が分かるようにしておく．中規模以上のソフトウェア開発の場合，これらは構成管理ツールと呼ばれる専用ツールを利用して行う場合も多い．

また，汎用性の高いソフトウェアシステムなどで，顧客の都合で一部の機能を顧客向けに修正などして提供する場合，ベースとなるソフトウェアバージョン（**ベースライン**）から特定顧客向けバージョンが派生することとなる．このため構成管理では通常，成果物管理と連動させて，成果物の実体管理およびそれらのバージョン，リビジョンの管理を行う．

こうした構成管理がしっかり行われると，顧客サイドにそれぞれのどのバージョンのどの成果物がパッケージ化されて引き渡されているかなどの把握も確実に行え，誤ったバージョンを引き渡すといったミスを未然に防ぐことができる．

11.5　ソフトウェア開発環境

1. 開発環境とは

ソフトウェア・システムの開発では第3章以降に紹介したように，様々な作業やプロセスが必要であり，それらは多くの場合，人手で行われる．しかしながら，例えば，プログラムのソースコードは机上で紙に書いて考えることもできるが，最終的にはテキストエディタやソースコードエディタを用いて記述し，ソースファイルにしなければならない．そして，ソースファイルは計算機上で実行可能な実行ファイルへと変換され計算機上で動作が可能となる．もちろん，実行ファイルへの変換を人手で変換するハンドアセンブラという方式もないわけではないが，作業効率は極めて悪いため，通常はこの作業をコンパイラやリンカによって行う．このようにソフトウェアを開発する過程では，その作業の効率を上げるために様々なコンピュータソフトが利用され，それらを総称して**開発環境**あるいは開発ツールと呼ぶ．

2. 開発環境の変遷

開発環境は第 2 章に述べた開発対象となるソフトウェアの変遷や，開発ツールが動作する計算機自身の進歩の中で，様々なものが提案され利用されてきた．

表 11.1 に示すように，計算機が開発された当初は主に機械語やアセンブラ言語でソフトウェアは記述されていたが，1950 年代半ばから FORTRAN，COBOL や C 言語などの高級言語が順次，利用されるようになると，高級言語から機械語への翻訳を行うコンパイラが必要となり，同時にソースコードを記述するためのラインエディタなどが使われるようになった．

1980 年代に入るとエディタ，コンパイラ，デバッガを 1 つにまとめることでソースコードの生産効率を向上させる IDE が開発され利用されるようになった．1980 年代は機械設計や回路設計などの領域でもコンピュータ利用が広がり，計算機上で動作する CAE や CAD などが盛んに導入されるようになったが，情報技術の分野

CAE：Computer Aided Engineering

CAD：Computer Aided Design

表 11.1

年代	開発環境
1940 年代 ～1950 年代後半	機械語，アセンブラの利用 テープ／カードパンチ
1950 年代後半 ～1960 年代半ば	FORTARAN，COBOL，LISP など高級言語の開発． テープ／カードパンチ＋コンパイラ
1960 年代半ば ～1970 年代	C 言語の開発と普及． ラインエディタ＋コンパイラ
1980 年代	統合開発環境（IDE），CASE ツール
1990 年代	ビジュアルプログラミング オブジェクト指向．UML モデリングツール
2000 年代以降	オープンソースソフトウェアによる開発環境整備

においてもこの流れを汲んで CASE を指向する様々な開発支援ツールが提案され利用されるようになった．この背景には計算機のダウンサイジングがあり，1980 年代に開発されたワークステーションや PC の開発現場への導入が強く影響している．**CASE ツール**時代には国内でも電機メーカなどを中心に構造化分析設計を前提とした設計記述からプログラムスケルトンの生成までを視野に入れた様々な開発支援ツールが提供された．

CASE：Computer Aided Software Engineering

1990 年代以降，オブジェクト指向の普及とともに，ソフトウェア設計の世界では設計モデリング，要求モデリングなどが注目を集めるようになり，UML などをベースとしたモデリングツールなども提案され利用されるようになり現在に至っている．また，同時に検証作業を支援するためのプログラム解析ツール，不具合管理ツール，テスト項目設計ツールなどソフトウェア開発の様々な作業やプロセスを支援するツールが開発され利用されるようになってきている．

近年ではシステムやソフトウェアの開発環境の整備においても，**オープンソースソフトウェア**を活用する場合も増えてきている．オープンソースソフトウェアによる開発環境整備では，様々なシステムの開発者が利用する中で，その使い勝手が向上するといった長所も少なくない．

11.6　ソフトウェア開発と開発環境の関係

1. ソフトウェア開発の本質

第 3 章で述べたようにソフトウェア開発を最も単純化して考える場合，その作業の流れはウォータフォールモデルで表現することができる．このウォータフォール型の本質は，要求など開発の上流で獲得した情報が，開発者が分析検討を加えることで設計情報となり，さらにそれらに実装面の制約を加えてモジュール構成や内部ロジックなどを検討・設計することでプログラムコードを得るところにある．すなわち，ソフトウェア開発は，図 11.6 に示すように，上流の抽象的な情報から下流の具象化された情報への不等価変換であり，その過程においては開発者の分析や検討が介在している．

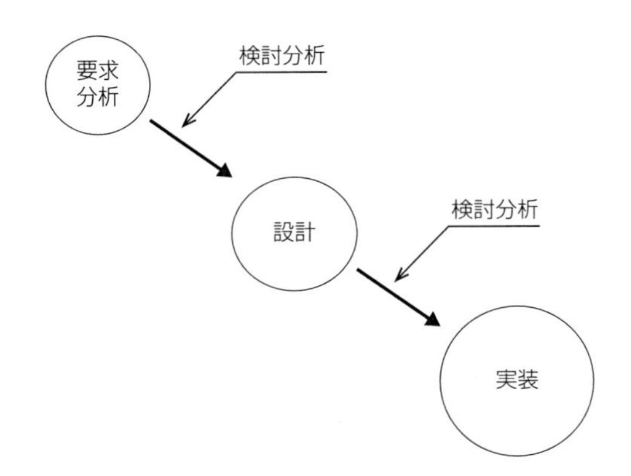

図 11.6　ソフトウェア開発の本質

2. ソフトウェア開発と開発支援ツールの関係

このようなソフトウェア開発の本質を考えた場合，開発支援ツールによる設計支援やプログラム生成という技術には限界があることは明らかである．すなわち，開発支援ツールでできることは，単純な情報の表現型の変換であり，本来，開発者が行うべきその表現内容の具象化までは，何らかの仕掛けがない限りはできない．このために，現在利用されている開発支援ツールの多くは，設計モデルや設計情報などをダイヤグラムやテーブルで表現する作業を支援するものが殆どであり，それらを下流工程では利用しやすいように表現型を変換するものが多い．

このような点は開発下流で利用される不具合管理ツールなどにもみられる．すなわち，不具合管理ツールでは不具合管理表という表記の枠組みを提示するものの，その中身については個々のテスト担当者が観察した不具合の内容を記述しなくてはならない．不具合管理ツール上で管理された不具合管理表は，ツール上で一覧表示や対処残件表示など様々な条件によって表現型（ビュー）を変えて利用者に情報提供を行う機能が中心となっている．

11.7 開発支援ツールの導入方法

1．ツール導入

ソフトウェア開発の効率を向上させるためには開発環境や開発支援ツールの積極的な活用を図るべきである．この場合，開発支援ツールは「基本的には人手で実施している作業を効率化するための道具」という基本を理解したうえで導入を進めなければならない．すなわち，現状のソフトウェア開発の中で例えば設計モデルを作成していない組織に，モデリングツールを導入したとしても，すぐには設計モデリングができるようになることはない．すなわち，基本的に人間が考える作業をツールに肩代わりさせることはできない．

逆に手作業や簡易な描画ツールなどを利用して設計モデルを描いている組織であれば，設計モデリングツールを導入するメリットは大きい．

2．ツール導入の手順

開発の中で様々な工夫やツールを利用している組織に，新しいやり方や開発支援ツールを導入するためには，相当な事前準備が必要となる．これらを考慮すると，開発環境や開発支援ツールの導入は，以下のような手順で進めとよい．

Step-1：現状の開発作業における課題点，問題点を洗い出す
また，それらの原因や理由を分析する

Step–2：課題点・問題点について，解決の優先順位を考え，優先順位の高い問題について，適切な開発支援ツールや開発環境の候補を洗い出す

Step–3：ツールの導入について，明確な目的やゴールを定めたうえで，導入コストと導入の結果得られる効果を想定しながら分析し，コストより効果が上回る場合にツールの導入を検討する

Step–4：ツール導入に際しては，組織全体への導入を進める前に，パイロットプロジェクトなどを選定し，スモールスタートの形で試験導入する．このためのパイロットプロジェクトを選定する

Step–5：パイロットプロジェクトでツール導入する場合に，必要に応じて関係者への事前教育や，導入方法などを検討準備する

Step–6：実際にパイロットプロジェクトでツールを導入適用し，その際の導入効果を分析する．効果分析ではツール導入前と導入後の客観的な比較ができるように，必要に応じてデータなどを計測・記録しておく

Step–7：パイロットプロジェクトでツール導入の効果が確認できた場合に，その導入経過や導入方法，効果などを組織内で確認したうえで，組織内への展開シナリオを検討する

上記のステップの中でも，特に重要な点は，Step–3 に述べたツール導入の目的を明確にする点である．組織内で開発ツールを定着させるためには，ツール導入の目的が明確になっており，メンバ全員が合意していることは必須要件である．また，ツール導入にはツールのライセンス費用以外にも利用者の教育コストなど様々な費用が掛かる点も考慮すべきである．この点については，組織内の管理者や経営層などの理解を十分に得る努力をしなければならない．こうした点を踏まえると，組織内でツール導入を推進する責任者などをアサインして上記ステップを進めていくほうが，導入が円滑に進む場合が多い．

参考図書

本書を読み進めるに当たって，参考となる図書を紹介する．

〈啓蒙〉

［１］ フレデリック・P・ブルックス．Jr.（著），滝沢徹，牧野祐子，富澤昇（翻訳）：人月の神話【新装版】，丸善出版

［２］ G. ポリア（著），柿内賢信（翻訳）：いかにして問題をとくか，丸善

〈計算機の基礎〉

［３］ 安井浩之，木村誠聡，辻裕之：コンピュータ概論，オーム社

〈ソフトウェア開発の基礎〉

［４］ 鶴保征城，駒谷昇一（著）：ずっと受けたかったソフトウェアエンジニアリングの授業１ 増補改訂版，翔泳社

［５］ 鶴保征城，駒谷昇一（著）：ずっと受けたかったソフトウェアエンジニアリングの授業２ 増補改訂版，翔泳社

［６］ 井上克郎（著）：演習で身につくソフトウェア設計入門―構造化分析設計法とUML，エヌ・ティー・エス

［７］ ロジャー・S・プレスマン（著），西康晴，榊原彰，内藤裕史（翻訳）：実践ソフトウェアエンジニアリング‐ソフトウェアプロフェッショナルのための基本知識，日科技連出版社

［８］ 玉井哲雄（著）：ソフトウェア工学の基礎，岩波書店

［９］ 独立行政法人情報処理推進機構：共通フレーム（2013）

〈オブジェクト指向〉

［10］ バートランド・メイヤー（著），酒匂寛（翻訳）：オブジェクト指向入門 第２版 原則・コンセプト（IT Architect'Archive クラシックモダン・コンピューティング），翔泳社

［11］ バートランド・メイヤー（著），酒匂寛（翻訳）：オブジェクト指向入門 第２版 方法論・実践（IT Architects'Archive クラシッ

クモダン・コンピューティング)，翔泳社

〈アルゴリズム〉

[12] T. コルメン，C. ライザーソン，R. リベスト，C. シュタイン(著)，浅野哲夫，岩野和生，梅尾博司，山下雅史，和田幸一（翻訳)：アルゴリズムイントロダクション　第3版　総合版（世界標準 MIT 教科書)，近代科学社

〈設計・実装〉

[13] オブジェクトの広場編集部（著)：その場で使えるしっかり学べる UML2.0，秀和システム

[14] 樽本哲也（著)：ユーザビリティエンジニアリング　第2版，オーム社

[15] 独立行政法人情報処理推進機構ソフトウェアエンジニアリングセンター編：組込みソフトウェア開発向けコーディング作法ガイド[C＋＋言語版]，オーム社

[16] 独立行政法人情報処理推進機構ソフトウェアエンジニアリングセンター編：組込みソフトウェア開発向けコーディング作法ガイド[C 言語版] 改訂版，翔泳社

[17] S. マコネル著，(株)クイープ訳：コードコンプリート　第2版 上，日経 BP 社

[18] S. マコネル著，(株)クイープ訳：コードコンプリート　第2版 下，日経 BP 社

〈テスト・品質保証〉

[19] リー・コープランド（著)，宗雅彦（翻訳)：はじめて学ぶソフトウェアのテスト技法，日経 BP 社

[20] 堀田勝美，関弘充，宮崎幸生：ソフトウェア品質保証システムの構築と実践，ソフト・リサーチ・センター

演習問題解答例

第１章　ソフトウェアシステム

問１

ユーザ：

① 現状の業務がどのような業務であり，どのような手順で行われているかをベンダに説明する．

② 現状業務に関してユーザが考えている問題点とその解決方法としてのシステムに期待することをベンダに伝える．

③ システム開発に関してユーザサイドの制約事項（導入コスト，時期など）をベンダに伝える．

④ 開発の過程でベンダが提示する要件定義書，設計書などをユーザ視点でレビューに参加する．

ベンダ：

① ユーザのシステムに対する期待や要求を聞き出し，要件仕様書に整理する．

② ユーザに要件仕様書を提示し確認をとる．

③ 確認をとった要件仕様をもとにシステムの開発を進める．

問２

システムの目的：

歯科医院内の受付，診療などの業務が円滑に進むようにすることを目的とする．

システムの役割

・受付業務の効率化：患者の来院時の受付業務，診察終了後の医療費精算業務を電子化する．

・診察業務の支援では電子カルテ機能をもたせて，医師の診察業務が円滑にできるように支援する．また歯科衛生士の指導記録も連動させる．

・レセプト業務を電子化する．

第2章　ソフトウェア開発の流れ

問1

開発プロセス：要求分析，システム設計，ソフトウェア設計，プログラム設計，プログラム実装，テスト．

ステークホルダとその役割：

要求分析：システム導入を考えている歯科医師，受付担当者，歯科衛生士

⇒　ユーザ業務の説明とシステムに対する要求事項を提示する．

システム開発を担当するシステム技術者

⇒　ユーザ要求を整理し，システム要件を取りまとめる．

システム設計：システム技術者（ハードウェア担当）

⇒　システムのハードウェア構成を検討する．

システム技術者（ソフトウェア担当）

⇒　システムのソフトウェア構成を検討する．

歯科医師

⇒　設計内容をユーザとして確認する．

ソフトウェア設計：

ソフトウェア技術者

⇒　ソフトウェアの処理内容を設計する．

システム技術者（ハードウェア）

⇒　ソフトウェアの処理内容がハードウェア的に問題ないかを確認する．

プログラム設計＆実装：

プログラマ

⇒　プログラム実装設計を行い，プログラムを作成する．

ソフトウェア技術者

⇒　プログラム実装がソフトウェア設計を満足していることを確認する．

テスト

ソフトウェア技術者＋システム技術者（ソフト担当）

⇒　プログラム全体をインテグレーションし，ハード

ウェアにインストールする.

テスト担当者

⇒ テスト仕様書を作成しテストを実施する.

問 2

歯科医院業務は診察，受付など様々な業務がある．このような業務をシステム化する場合，一度に，すべての業務をシステムとして取りまとめるのは開発上のリスクが大きい．このため，電子カルテを中心とした診察支援機能をベースとして，そこから衛生士の衛生指導機能，受付機能，レセプト機能と順次，進化型開発で機能強化を進める開発スタイルを採用している．また，このシステムの開発では，開発者が医院業務に精通していることが必須であり，その業務知識を開発担当者間で密に交換し合うことで，より使いやすいシステムとするためにアジャイル方式を採用している．

第３章　ソフトウェアシステムの構成

問 1

基幹病院では通常，複数の診療科があり，各科のシステムは病院内の基幹 LAN で接続されている．歯科医院向けのシステムをこの基幹 LAN に接続する場合，システムのサーバに当たる受付用計算機を LAN に接続する．これにより，歯科診療科向けシステムはバス型トポロによる病院内基幹システムの一部となる．この場合，既存の基幹 LAN につながるシステムとの動作，データとの整合性などにも注意が必要となる．また，システム全体としては歯科診療科向けの情報が増える形となるためその影響なども見極めなければならない．

問 2

病院などのシステムでは電子カルテなどを含め患者の個人情報などが多く含まれている．このため，クラウドを利用する際には，データが外部に漏れないようにプライベートクラウドとすべきである．また，同時に，外部からの不正アクセスや情報漏れを防ぐために，レセプトの電子申請などを行う機能については，独立した PC に振り分け，かつ，アクセスコントロールを行う．また，外部との境界はファイアウォールなどを介在させる．

第４章　要求分析と要件定義

問１　歯科医院向け診療支援システムユースケース図

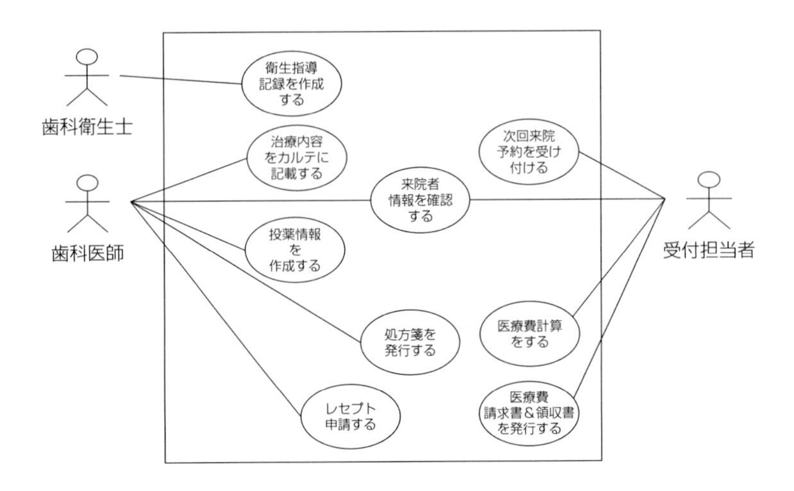

問２

使用性：ユーザインタフェース（画面操作）のわかりやすさ
　　　　マニュアルの整備やヘルプ機能の充実
効率性：データ処理に要する時間
　　　　画面表示に要する時間
　　　　サーバ，クライアントそれぞれのメモリ使用量，CPU 負荷や稼働率
信頼性：2 000 人を超える患者データを記録した場合の処理速度
保守性：システムの機能の改変のしやすさ
　　　　保険点数などの変更のしやすさ
　　　　治療項目データの変更などの変更しやすさ
　　　　各機能や実装モジュールの独立性

第５章　システム設計

問１

必要なハードウェア
　　就職指導課担当用 PC（クライアント）

学科就職指導担当用 PC（クライアント）
学科就職指導教員用 PC（クライアント）
アプリケーションサーバ
データサーバ

ハードウェア・ネットワーク構成図

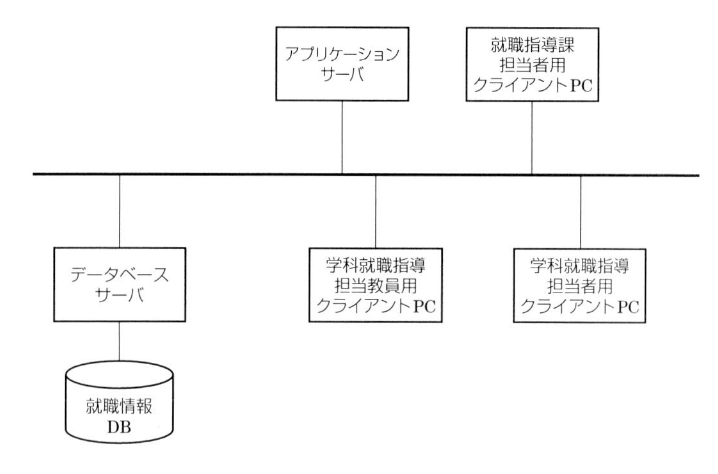

問2

主なソフトの機能

- 学生情報登録
- 企業情報登録
- 卒業生就職指導記録参照

ソフトウェア構成図

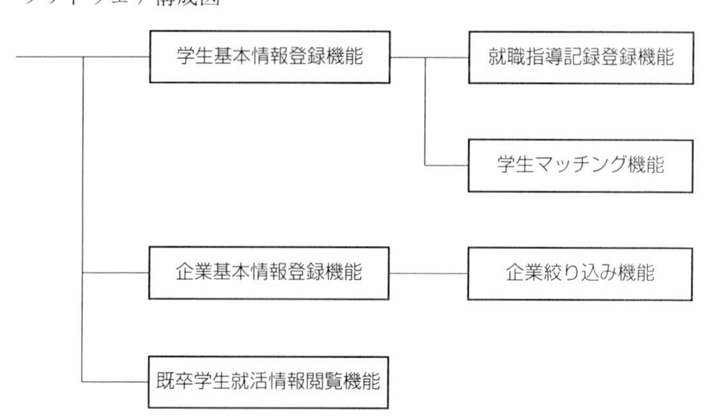

第6章　ソフトウェア設計–設計の概念

問1

①ソフトウェアとその外側がどのようなインタフェースでつながれるか

・診察室計算機と歯科衛生士用タブレットの間は無線通信となる．このためそれぞれの計算機に無線通信用ドライバソフトが必要となる．

・診察室計算機（クライアント）と受付用計算機（サーバ）間は有線LANで接続するため，それぞれの計算機は有線LAN用ドライバソフトが必要．

②ソフトウェアで実現する機能が，どのような構成要素（サブシステム，ユニット，モュール，クラスなど）によって組み上げられるか

③各構成要素間でデータや情報，制御の流れがどのようになっているか

④ユーザがシステムと直接，接する画面などのユーザインタフェースがどのようになるか

歯科医師は電子カルテ画面，診察患者一覧画面を利用する．

受付担当者は診察患者画面一覧を利用する．また，個々の患者の医療費計算画面なども利用する．

問2

患者の来院情報（受付⇔患者）

患者による症状・経過などの訴求情報（受付⇔患者）

レセプト情報（歯科医師（経営者））⇔　地域健保連

第7章　ソフトウェア設計–全体構造の設計

問1　歯科医院診療支援システムのデータフロー図

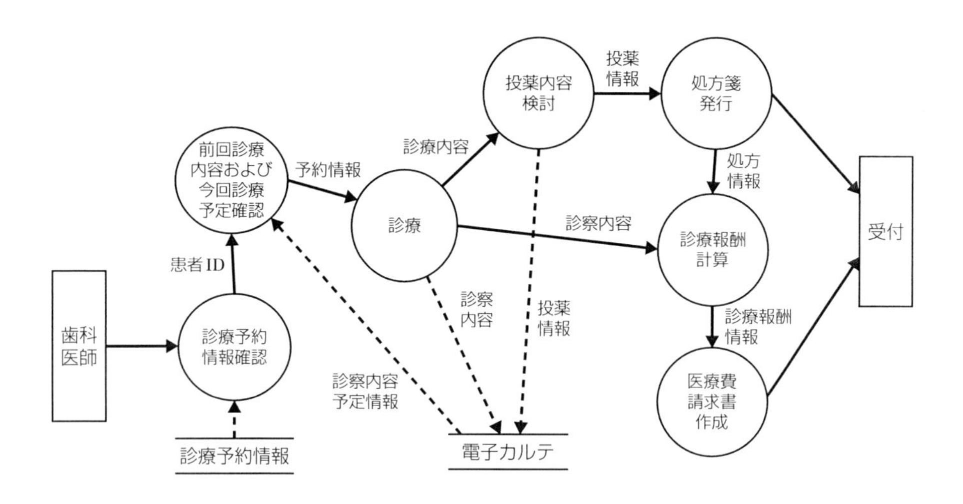

第８章　ソフトウェア設計–構成要素の設計

問１

・治療などに際し，もっとも重要な患者名などの情報は画面左上に大きなフォントで明示している．

・主訴，血液病，アレルギー情報など治療の際に確認が必要な情報についても画面上部に表示している．

・治療時に記録する歯列チャートは細かな確認や記述が可能なように，大きめに表示している．

・基本的に診療の流れに沿って，左上から下部に向かって順番に利用する情報を配置し，診療が円滑に進むように工夫されている．

問2

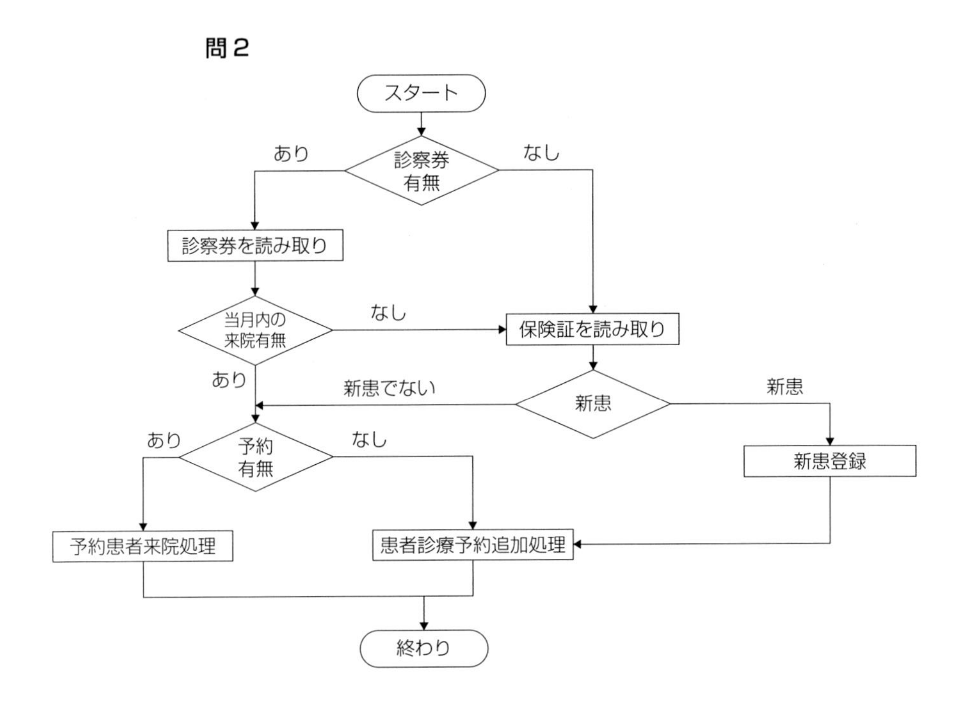

第９章　プログラムの設計と実装

問1

```
#include<stdio.h>
int main()
{
        int X[10];
        int i;
        int sum,num_data;
        double avg;

// データをキーボードから読み込み
        for(i=0;i<10;i++)
        {
                    printf("Please Input DATA¥n");
                    scanf("%d",&X[i]);
        }

        sum=0;
        num_data=0;

// 読み込んだデータを順次合計
```

```
        for(i=0;i<10;i++)
        {
                printf("X[%d]=%d¥n",i,X[i]);
                sum=sum+X[i];
                num_data=num_data+1;
        }
// 合計値，データ個数を表示
        printf("SUM=%d¥n",sum);
        printf("Num-DATA=%d¥n",num_data);
// 平均値の算出
        avg=(double) sum /num_data;
        printf("AVG=%lf¥n",avg);
}
```

問2

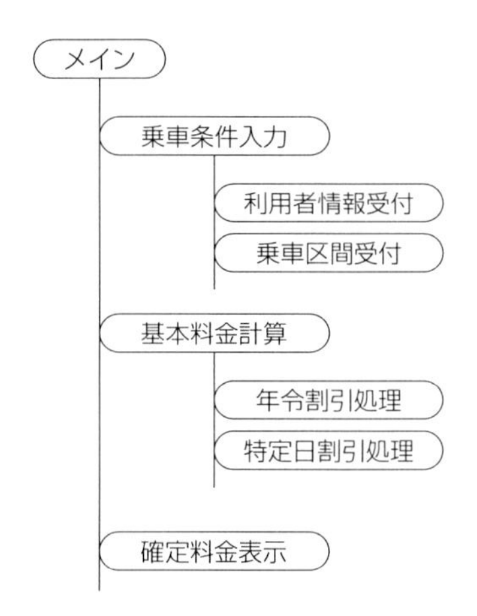

第10章　ソフトウェアシステムの検証と動作確認

問1

東博高速鉄道の運賃計算のテスト項目

・年齢による割引の確認

設定年齢：同値分割　有効同値　8歳，35歳，80歳

無効同値　−1歳

境界値　1歳，11歳，12歳，13歳，59歳，60歳，61歳

・距離別金額算出：同値分割　有効同値　270 km, 500 km

無効同値　−13 km

境界値　0.9 km，1.0 km，1.1 km，399.9 km,

400 km，400.1 km

・感謝デー割引：同値分割　有効同値　5 日，15 日，25 日

無効同値　3 日，13 日，23 日，30 日

境界値　4 日，6 日，14 日，16 日，24 日，26 日

問2

ドライバモジュール

main モジュールとして，料金計算モジュールを呼び出す形にする．

main モジュールでは，

・乗車距離，年齢，乗車日を設定できるようにし，引数として料金計算モジュールに引き渡す．

索　引

ア　行

カ　行

サ　行

タ　行

ナ　行

ハ　行

〈著者略歴〉

平山雅之（ひらやま　まさゆき）

1986年　早稲田大学大学院理工学研究科博士前期課程修了
2003年　大阪大学大学院基礎工学研究科博士後期課程修了
2003年　博士（工学）
2011年　情報処理学会フェロー
（株）東芝を経て2011年より現職
現　在　日本大学理工学部応用情報工学科　教授

鵜林尚靖（うばやし　なおやす）

1982年　広島大学理学部数学科卒業
（株）東芝入社
1996年　筑波大学大学院経営・政策科学研究科経営システム科学専攻修士課程修了
1999年　東京大学大学院総合文化研究科広域科学専攻広域システム科学系博士課程修了
博士（学術）
2014年　情報処理学会フェロー
現　在　九州大学大学院システム情報科学研究院教授

IT Text
ソフトウェア工学

2017年3月25日　第1版第1刷発行
2025年3月20日　第1版第3刷発行

著　者　平山雅之・鵜林尚靖
発行者　村上和夫
発行所　株式会社 オーム社
郵便番号　101-8460
東京都千代田区神田錦町3-1
電 話　03(3233)0641(代表)
URL　https://www.ohmsha.co.jp/

印刷・製本　デジタルパブリッシングサービス
ISBN978-4-274-21988-7　Printed in Japan